不忙不亂作好菜

零下廚經驗
也能學會的121道
家常料理

料理家、管理營養師 牧野直子

下廚前先看一下吧！

因為上了大學或就業，必須離家一個人在外生活；想為心愛男友下廚，卻又沒有自信；結婚以後必須每天下廚做飯；雖然身為男人，也想挑戰廚藝……。每個人開始學做菜的理由可說是五花八門。

雖然書店陳列了各式各樣的食譜書籍，上網搜尋也能找到許多介紹食譜的情報，可是內容（作法）幾乎都是平日沒聽過的專業料理用語，就算看了食譜，也不會做！因為聽到了這樣的心聲，才有這本書的誕生。從未下過廚的人也能一目瞭然的「最基礎常識」、食譜的閱讀方法、菜單的設計、烹調工具和調味料、食材等相關基礎知識都是本書的收錄內容。

本書針對300位二十幾歲的女性做了問卷調查，在「想做的菜、想嘗試的宴客料理」項目的答案中，選出高人氣的料理，成為本書介紹的食譜菜單。

1 備齊調理工具、基本調味料

參考12～17頁，備齊基本物品。

2 想好要挑戰的第一道菜

首先從Step 1～3（20～123頁）挑選菜單，習慣以後，再挑戰Step 4～5（126～168頁）的菜單，多點變化，讓菜色更豐富。也可以透過目錄（6～10頁）或卷末的索引（188～191頁）挑選想嘗試的料理。

3 購買食材

檢查家中冰箱，列出購買明細。帶著購買明細出門，才不會漏買任何一項食材。等習慣以後，再利用冰箱裡現有食材下廚做菜。

4 事前準備

在煎、蒸、煮等各項調理作業中，步驟流程非常重要。開始烹調前，測量食材分量、切食材、拌調味料等事前作業必須先處理好。

5 調理

調理時火候與時間最重要。本書的Step 1～3將所需時間特別標示出來，讓讀者更加一目瞭然。步驟部分只看文字敘述可能不夠詳盡，請參考照片。

6 盛盤

有湯汁的料理要用深盤盛裝；分量多的話，就選擇大盤子；分量少當然用小盤子盛裝，請參考完成品的照片，選擇合適的器皿盛盤。

7 品嚐

一道菜美不美味，享用時間點非常重要。熱食料理務必趁熱吃，冷食料理最好在食用前都置於冰箱保存。有些料理要放久一點才會入味或不能馬上食用，不過，本書介紹的料理基本上都是做好後盡快享用比較美味。

設計菜單吧！

只有一道菜，無法稱為菜單。一般菜單會將料理分為「主菜」、「主食」、「副菜」等3類，缺乏任何一項就會營養失調。

本書介紹的料理皆有標示「主菜」、「主食」或「副菜」，方便設計菜單。此外，也介紹了菜單範例，剛開始請參考這些範例。

副菜 ❶

以蔬菜類、薯類、海藻類、菇類為主要食材的料理。透過這些副菜可以攝取維生素、礦物質、膳食纖維等提升代謝功能的營養素。

主菜

以肉類、魚類、蛋、大豆等蛋白質食材為主的配菜。蛋白質攝取不足抵抗力會下降，在設計菜單時，先決定主菜，再配合主菜選擇主食和副菜。

主食

以飯、麵包、麵類等碳水化合物（醣質）為主的菜單。攝取不足會導致熱量不夠，人也會容易累，注意力無法集中，體重會減輕。

副菜 ❷

多準備一道副菜，除了可以補充容易缺乏的營養成分，還能提升飽足感。這道菜可以是甜點或湯品。

本書的讀法、使用方法

首先挑戰Step1～3的料理。以淺顯易懂的方式說明食材基礎常識、烹調前準備作業，以及煎、煮、蒸、炸等各種調理方法的基本步驟。

完成品照片

可以當成盛盤、選擇器皿時的參考。照片的料理分量全是1人份。

「主食」「主菜」「副菜」

為了方便菜單的設計，所有料理都會標示屬於哪一類。請多利用「主食」、「主菜」「副菜」的分類索引資料（189頁）

Step 1 和風料理

自製拌醬②

芝麻拌菠菜

副菜

材料（2人份）	
菠菜	½束（150g）
鹽	少許
醬油	½小匙
拌醬 高湯	1大匙
拌醬 砂糖	¼小匙
拌醬 芝麻粉	½大匙
拌醬 醬油	½小匙

適合這道料理的其他配菜！
13 味噌煮鯖魚（P44）
16 雞肉丸子（P50）

check
芝麻粉
這道料理使用的拌醬為磨過的芝麻粉。可以使用研磨缽自己磨，如果買市售的芝麻粉更便利。芝麻磨過以後更容易攝取到它的營養成分。

22

料理名稱

透過問卷調查結果，嚴選人氣料理，介紹作法。將料理分為「和風料理（Step1）」、「西式料理（Step2）」、「亞洲異國料理（Step3）」3類，方便設計菜單。

材料

基本是指2人份量。有時候會介紹方便製作的分量。所標示的食材分量包括皮在內，不過，（ ）內分量為去皮或去籽後的分量。量杯一杯是200ml，1大匙是15ml，1小匙是5ml。

推薦菜單組合

從 Step1 ～ 3的菜單、Step4 ～ 5的主菜（部分）各選出一道菜，當作菜單設計參考範例。

check

以淺顯易懂的文字說明關於料理和食材的基礎常識，以及烹調步驟重點。還針對木棉豆腐與絹豆腐之差異等各種似懂非懂的資訊，詳加說明。

事前準備

沒有特別說明的話，表示已經完成清洗、削皮等的準備作業，書中列出的是後續的準備作業。無農藥蔬菜可以連皮一起烹調，請依個人喜好處理。切法請參考Step6。

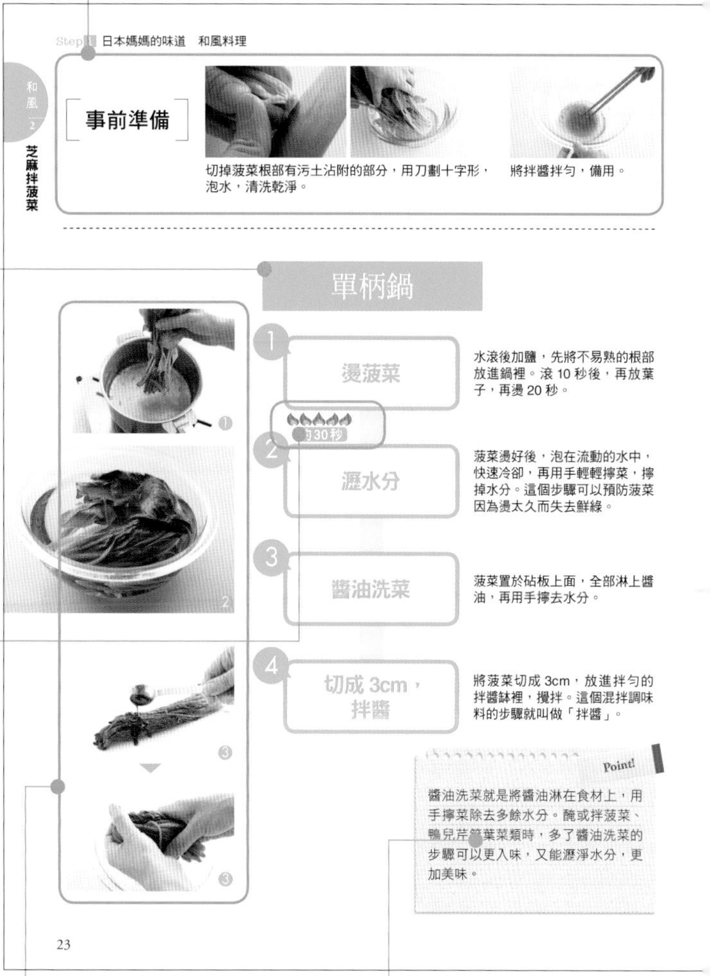

Step1 日本媽媽的味道　和風料理

和風 2 芝麻拌菠菜

事前準備

切掉菠菜根部有污土沾附的部分，用刀劃十字形，泡水，清洗乾淨。

將拌醬拌勻，備用。

單柄鍋

1 燙菠菜

水滾後加鹽，先將不易熟的根部放進鍋裡。滾 10 秒後，再放葉子，再燙 20 秒。

約30秒

2 瀝水分

菠菜燙好後，泡在流動的水中，快速冷卻，再用手輕輕擰菜，擰掉水分。這個步驟可以預防菠菜因為燙太久而失去鮮綠。

3 醬油洗菜

菠菜置於砧板上面，全部淋上醬油，再用手擰去水分。

4 切成 3cm，拌醬

將菠菜切成 3cm，放進拌勻的拌醬缽裡，攪拌。這個混拌調味料的步驟就叫做「拌醬」。

Point!

醬油洗菜就是將醬油淋在食材上，用手擰菜除去多餘水分。醃或拌菠菜、鴨兒芹等葉菜類時，多了醬油洗菜的步驟可以更入味，又能瀝淨水分，更加美味。

23

調理器具

食材加熱時間和完成狀態會因平底鍋或鍋具的大小不同而有所差異。本書所指的小平底鍋為直徑18～20cm，大平底鍋直徑是24～26cm，單柄鍋直徑是16cm、深6～8cm，雙柄鍋直徑是22cm、深8～10cm。微波爐的電力設定為600瓦。

火候及加熱時間

火候太強或太弱，都是失敗的原因。關於火候的詳細說明，請參考18頁。加熱時間是概略標準，會因材料重量、調理器具大小、季節或室內溫差而有所差異（冬季加熱時間要長，夏天加熱時間短等等）。烹調時請一邊確認蔬菜狀況或食材裡面的熟度，一邊調整加熱時間及火候。Step4～5單元沒有標示火候參考標準值，基本上是以中火為準。

步驟照片

挑選有了照片解說會更清楚易懂的步驟部分加以介紹。請參考照片的狀況，自行烹調。

Point!

提示保存方法、烹調順序等特別需要注意的重點，目的在提升料理的美味。

火候標準

🔥🔥🔥🔥🔥	大火
🔥🔥🔥	中火
🔥	小火

目錄

序章 下廚前必學的事

下廚前先看一下吧！ 2
本書的讀法、使用方法 4
最好先備齊的調理工具 12
讓烹調作業更便利的必備輔助工具 14

成為廚藝高手必學訣竅

之① 製作高湯！ 15
之② 計量材料！ 16
之③ 備齊調味料！ 17
之④ 學會火候及水分的控制訣竅！ 18

Step 1 日本媽媽的味道 和風料理

① 涼拌豆腐 20
② 芝麻拌菠菜 22
③ 烤茄子 24
④ 醋物 26
⑤ 金平牛蒡 28
⑥ 滷鹿尾菜 30
⑦ 海帶芽豆腐味噌湯 32
⑧ 高湯煎蛋捲 34
⑨ 茶碗蒸 36
⑩ 馬鈴薯燉肉 38
⑪ 筑前煮 40
⑫ 照燒鰤魚 42

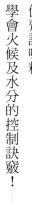

13 味噌燒鯖魚 44
14 酒蒸蛤蜊 46
15 蔬菜炒肉 48
16 雞肉丸子 50
17 親子蓋飯 52
18 炊飯 54
19 大阪燒 56
20 散壽司 58

成為廚藝高手必學訣竅 之5 美味煮飯訣竅 60

Step 2 大家的最愛 西式料理

21 水煮蛋 62
22 法國吐司 64
23 義式蔬菜湯 66
24 漢堡 68
25 薑燒豬肉 70
26 照燒雞腿 72
27 烤鮭魚 74
28 番茄燉雞肉 76
29 高麗菜捲 78
30 青椒鑲肉 80

31 炸雞塊 82
32 可樂餅 84
33 炸豬排 86
34 焗烤通心粉 88
35 紅酒燉牛肉 90
36 豬肉咖哩飯 92
37 歐姆蛋 94
38 鮮蔬牛肉焗飯 96
39 起司燉飯 98
40 培根蛋奶麵 100

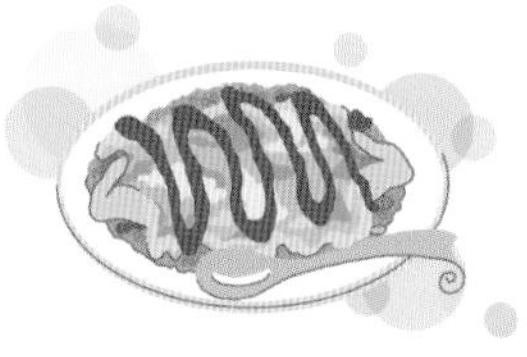

成為廚藝高手必學訣竅 之6 煮麵高手訣竅 102

Step 3 名聞全球 亞洲異國料理

41 三色拌菜 104
42 棒棒雞 106
43 煎餃 108
44 乾燒蝦仁 110
45 糖醋肉 112
46 麻婆豆腐 114
47 沖繩風炒苦瓜 116
48 生春捲 118
49 泡菜鍋 120
50 炒飯 122

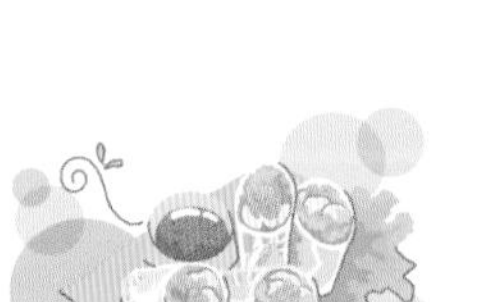

成為廚藝高手必學訣竅

之7 燉煮料理重點 124

Step 4 人人都想學會 基本料理

51 牛肉絲時雨煮 126
52 豬肉角煮 127
53 豬肉蔬菜捲 127
54 龍田揚炸雞 128
55 清蒸雞肉 129
56 涮豬肉涼拌沙拉 129
57 南蠻漬竹莢魚 130
58 鹽燒秋刀魚 131
59 紅燒鰈魚 131
60 豆皮福袋 132
61 揚出豆腐 133
62 天婦羅 133

63 豆皮壽司 134
64 蕪青葉魩仔魚炊飯 135
65 章魚炊飯 135
66 涼拌菠菜 136
67 白和拌菜 137
68 滷煮蘿蔔乾絲 137
69 滾煎馬鈴薯 138
70 滷煮里芋 139
71 滷煮南瓜 139
72 豬肉味噌湯 140
73 蔬菜清湯 141
74 日式蛋花湯 141

75 義式雞排 142
76 法式清湯 143
77 煎豬排 143
78 炸竹莢魚佐塔塔醬 144
79 醋漬沙丁魚 145
80 麥年煎魚排 145
81 水波蛋 146
82 雞肉咖哩 147
83 肉醬義大利麵 147
84 綠豌豆飯 148
85 絞肉咖哩 149
86 抓飯 149
87 八寶菜 150
88 麻婆茄子 151
89 青椒炒肉絲 151
90 蔬菜炒牛肉 152
91 回鍋肉 152
92 辣炒芹菜花枝 153
93 炸醬麵 153
94 韓式拌飯 154
95 韓式煎餅 154

Step 5 變化無窮　便利料理

96 涼拌秋葵 156
97 豆皮滷煮小松菜 156
98 芝麻涼拌四季豆 157
99 紅蘿蔔絲炒蛋 157
100 味噌炒茄子 158
101 微波蒸玉米 158
102 滷煮馬鈴薯 159
103 糖燒地瓜 159
104 海藻寒天沙拉 160
105 普羅旺斯燉菜 160
106 通心粉沙拉 161
107 涼拌捲心菜 161
108 馬鈴薯沙拉 162
109 番茄沙拉 162
110 酪梨蛋沙拉 163
111 糖漬紅蘿蔔 163
112 墨西哥辣肉醬 164
113 南瓜濃湯 164
114 玉米濃湯 165
115 蛤蜊巧達湯 165

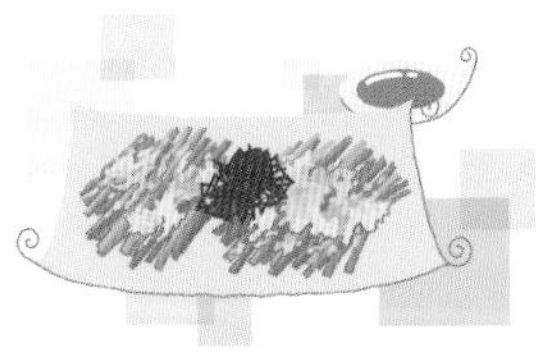

116 韓式豆腐鍋 166
117 辣炒蒟蒻荷蘭豆 166
118 拌三絲 167
119 餛飩湯 167
120 中式蛤蜊湯 168
121 埃及國王菜湯 168

Step 6 食材基本情報及事前準備

高麗菜・萵苣 170
紅蘿蔔・白蘿蔔 171
番茄 172
洋蔥 173
青椒・茄子 174
小黃瓜・芹菜 175
綠蘆筍・白菜 176
青花椰菜・馬鈴薯 177
里芋・蓮藕 178
南瓜・牛蒡 179
青菜（葉菜類） 180
香味蔬菜 181
菇類 182
海藻類 183
肉類部位 184

成為廚藝高手必學訣竅

之8 微波爐、烤箱的使用方法 185
必須學會的基本料理用語 187
「主食」、「主菜」、「副菜」分類 189
食材分類索引 191

序章

下廚前必學的事

最好先備齊的調理工具

要細心挑選！

一次備齊所需的調理工具，是非常費心又傷荷包的事。
可是，工欲善其事，必先利其器，好的工具使用壽命長，
首先仔細挑選菜刀、計量器、平底鍋、鍋具等用品。

[菜　刀]

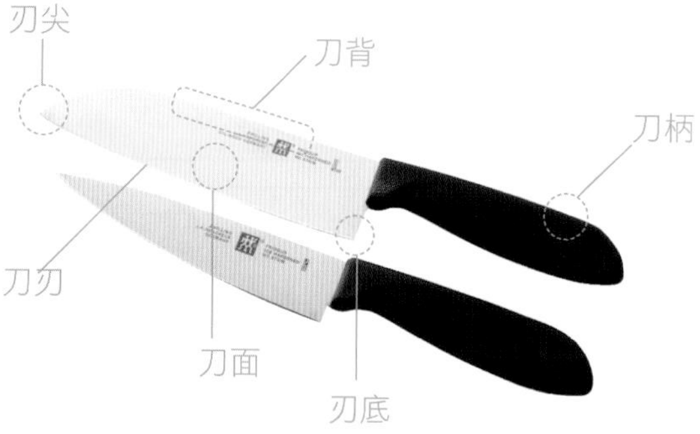

首先準備一支**刀刃長20cm的萬能菜刀**，以及一支小的**切菜刀**。菜刀不鋒利會切得不順，就會有危險，最好選購不易生鏽的鏽鋼製菜刀或附磨刀器具的菜刀。

[電子秤]

想煮美食，要養成計量的習慣。**電子秤**重量標示一目瞭然，而且準確，建議連容器一起測量（參考16頁）。

[平底鍋]

選擇用油量少、不易沾鍋的**氟素樹脂塗層**平底鍋，要附鍋蓋。準備**直徑18～20cm的小平底鍋**和**直徑24～26cm的大平底鍋**各一個，讓你下廚時更得心應手。

[鍋　子]

準備**直徑約16cm、深6～8cm的單柄鍋**，以及**直徑約22cm、深8～10cm的雙柄鍋**就足夠了，兩者都要附鍋蓋，鋁製或不鏽鋼製比較好用。

最好先備齊的調理工具

購買便宜用品即可！

最近百圓商店的貨品相當豐富多元，逛一趟就可以備齊所需的調理工具。雖說一開始最好買品質優良的調理工具，不過先試用便宜的用品，然後再慢慢存錢添購更便利、更優良的用品也是不錯的方法。

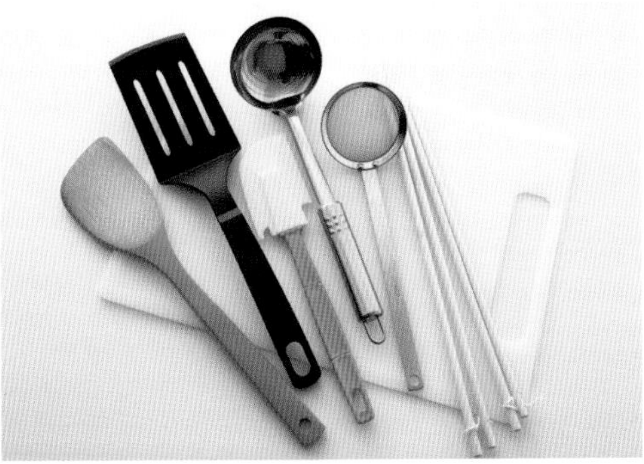

（由右起）砧板、調理筷、浮沫撈勺、大湯勺、橡皮勺、鍋鏟、木勺。砧板也有木製品，但是樹脂製砧板比較輕，更方便使用。

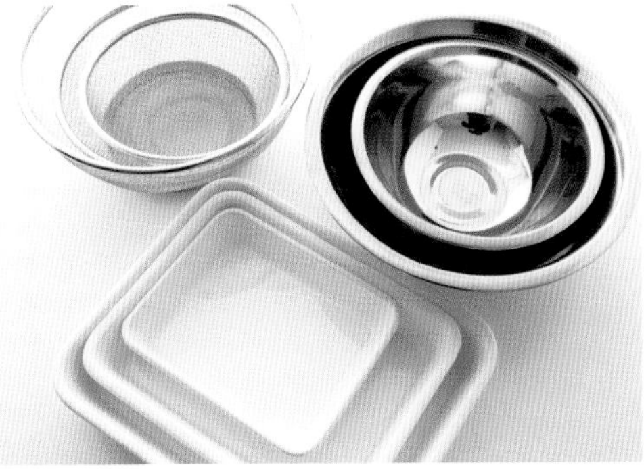

缽碗、調理盆、盤子。缽碗準備**2個，直徑介於18～23cm**。調理盆準備大中小**3個，直徑介於15～25cm**。盤子也準備**大中小3個**。

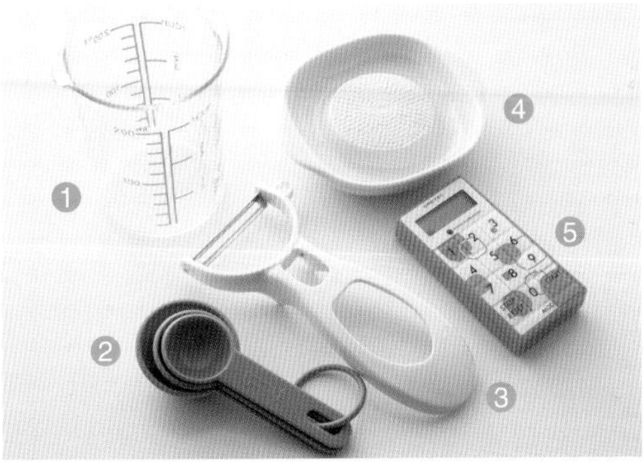

200ml的量杯（①）、量匙（②）、削皮器（③）、磨泥器（④）、廚房計時器（⑤）。如果能準備這些用品，作業更便利。

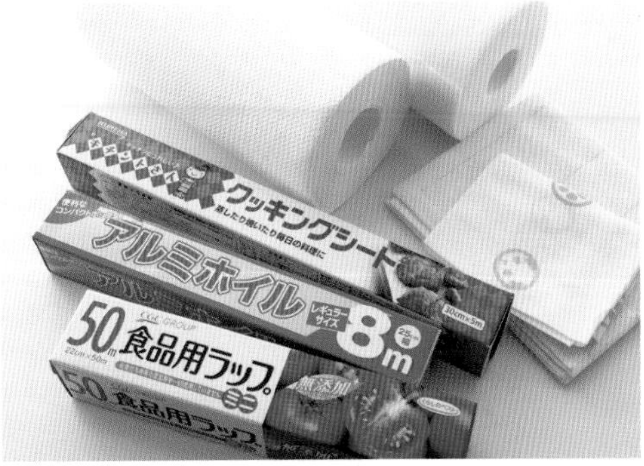

保鮮膜、鋁箔紙、烘焙紙、廚房紙巾也是必需品。別忘記還要準備乾擦布（擦碗盤或砧板）、抹布（餐桌或流理台使用）。

是否漏買了什麼？

Check 明細表

- □砧板
- □調理筷
- □浮沫撈勺
- □大湯勺
- □橡皮勺
- □木勺
- □鍋鏟
- □缽碗（2種）
- □調理盆（3種）
- □盤子（3種）
- □量杯（200ml）
- □量匙（3種）
- □削皮器
- □磨泥器
- □廚房計時器
- □保鮮膜
- □鋁箔紙
- □烘焙紙
- □廚房紙巾
- □乾擦布
- □抹布

讓烹調作業更便利的必備輔助工具

本單元介紹的調理工具或保存容器都可以使用其他物品代替，
但如果能事前準備好，可以讓作業更順暢。
挑選本書食譜會用到的用品加以介紹。

（由左起）蒸架、廚房用剪刀、擀麵棍。蒸茶碗蒸時會用到蒸架，想將蒸好的馬鈴薯壓泥，擀麵棍就能派上用場。如果有一把廚房用剪刀，會更方便。

這些是盛裝調味料的小容器。使用頻率高，可以當成拌調味料的容器或裝切好的少量食材，最好不同尺寸多準備幾個。

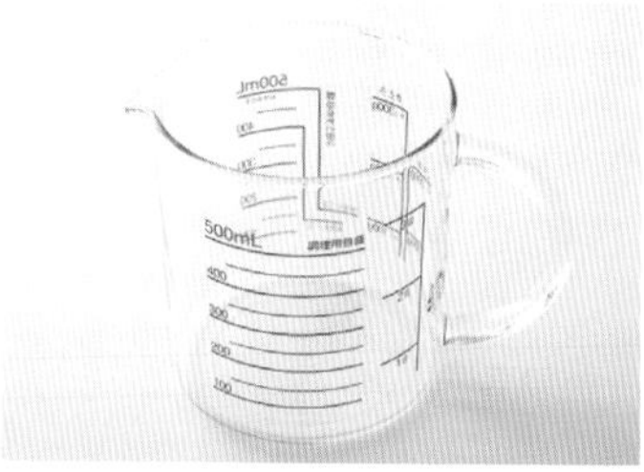

容量500ml的耐熱量杯。可以盛裝高湯或裝溫水將香菇等乾物泡軟，用途廣泛。

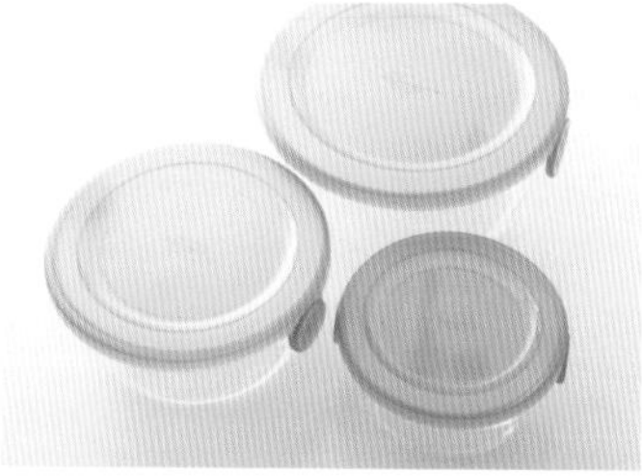

耐熱容器。沒有「耐熱」字樣標示的玻璃製品或合成樹脂容器不能使用於微波爐。

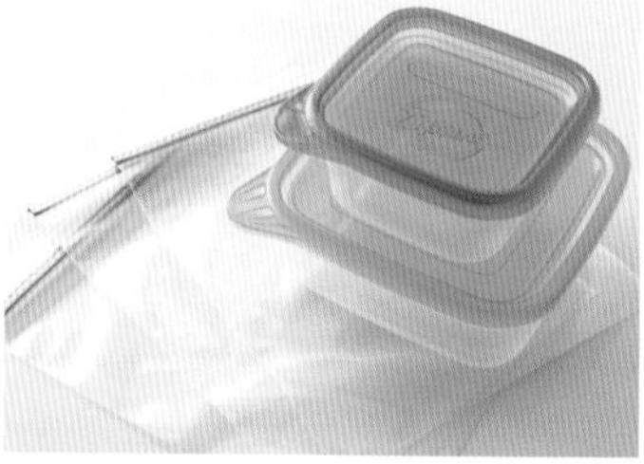

密封容器或密封袋。做好的料理或剩菜要冷藏、冷凍保存時，就會用到這些物品。

醬油瓶、醬汁罐。將醬油或醬汁分裝於小瓶罐裡，擺在餐桌上，方便隨時取用。

鍋墊、隔熱手套。熱氣騰騰的鍋子或平底鍋如果直接擺在調理台或餐桌、流理台上，恐怕會有燙損之虞。準備矽膠製鍋墊和隔熱手套，就可以隔熱。

專門處理用剩炸油的物品。調理油可用市售的油類凝固溶劑處理。最簡單的方法就是使用報紙吸油。

Check明細表

是否漏買了什麼?

☐蒸盤
☐廚房用剪刀
☐擀麵棍
☐調味料容器
☐量杯（500ml）
☐耐熱容器
☐密封容器或密封袋
☐鍋墊．隔熱手套
☐醬油瓶．醬汁罐
☐炸油處理溶劑

成為廚藝高手必學訣竅｜之❶

製作高湯！

和風料理的基本精髓就是「高湯」。
雖然最近市面有販售不含任何添加物的高檔高湯成品，
想成為廚藝高手，第一步就該學會高湯的製作方法。
在正式下廚前，先成為高湯高手吧！

市售高湯

忙的時候或緊急時候，就利用市售高湯成品。在「西式料理／亞洲異國料理」單元必備的清燉高湯或雞骨高湯，就是使用市售的高湯塊或高湯粉。

和風高湯

市售種類非常多。最近的商品更重視材料的嚴選，也有宣稱不添加化學調味料或不含鹽分的商品。

清燉高湯

有塊狀和顆粒狀（粉末）2種，建議選擇方便調整分量的粉末狀成品。可以少量分裝使用，不怕會變味。（編註：本書中的「高湯粉」即為清燉高湯）

雞骨高湯

市售商品種類多，不論是「全雞雞骨高湯」或「中式雞骨高湯」，只要是以雞骨為底熬煮的高湯成品都OK。

小魚乾高湯

食材口感偏淡的味噌湯與口感鮮濃的小魚乾高湯最速配。味噌燒鯖魚之類的青魚燉煮料理最適合使用小魚乾高湯熬煮。不過，不適合當成清湯料理的高湯。

保存方法?▶冷藏保存期限是3天

■材料

小魚乾……………………15g
水……………4杯（冷藏製作）
水……………4杯（熬煮製作）

■作法

冷藏製作

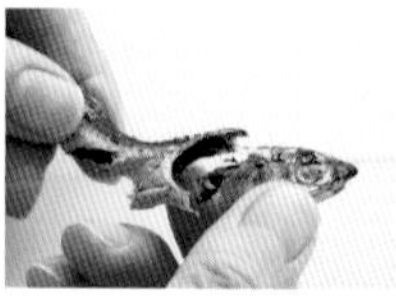

拔斷小魚乾的頭，取出內臟。沒有清除的話，會有苦味和腥臭味。

將小魚乾和水放進密封容器裡，再擺放於冰箱。冷藏約6～8小時即完成。

熬煮製作

將除去頭部和內臟的小魚乾及水放進單柄鍋裡，以大火煮開。滾了以後轉中火，撈浮沫。

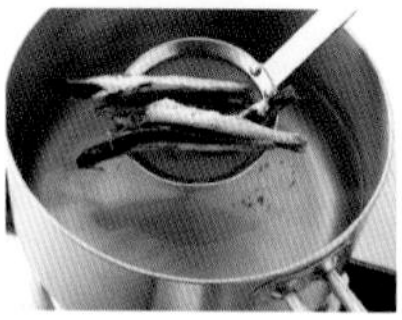

再熬煮2～3分鐘，取出小魚乾。需立刻派上用場時，將材料直接放進湯裡煮即可。

柴魚昆布高湯

柴魚昆布高湯是萬能高湯，與任何料理都對味。本書提到的「高湯」就是昆布柴魚高湯。可以一次大量製作，擺冰箱冷藏，相當便利。

保存方法?▶冷藏保存期限是3天

■材料

昆布……………………20cm
柴魚片……………20～30g
水………………………4杯

■作法

將昆布和水放進單柄鍋裡，靜置30分鐘。

開大火煮，在滾沸前（出現像是白泡沫般的物體時）取出昆布。

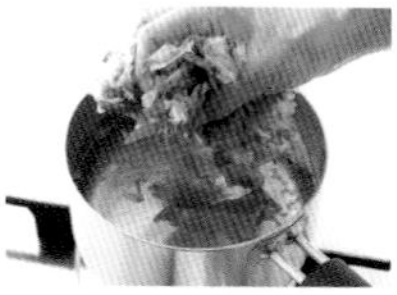

轉中火，放入柴魚片，再煮2分鐘，熄火。

等柴魚片沉於鍋底後，使用網勺過濾清湯。冷卻後再放進冰箱冷藏保存。

成為廚藝高手必學訣竅｜之❷

計量材料！

食譜會標示標準分量，可是就算是同一種蔬菜，也會因個體不同而重量有所差異。些微差距沒問題，但如果差距太大，做出的成品就會有差別。請養成在事前準備階段計量食材重量的習慣。

並確實使用量杯或量匙測量高湯、水和調味料的分量。

計量時注意事項

- 建議新手使用電子秤
- 請於平坦桌面測量
- 直接測量時，先將刻度歸零後再測量
- 計量液體或粉狀材料時，先將空的容器擺在秤子上，再將刻度設定為零，放入材料測量

標準分量注意事項

- 葉菜類分量常會標示為「1 束」，通常是指市售「袋裝」或「捆裝」的分量。「1 株」就是指 1 捆。
- 蒜頭的「1 個」是指帶皮的一顆蒜頭。1 個的重量約為 10g。
- 薑「1 個」約是 2 ～ 3cm（10g 左右）。

量杯的計量方法

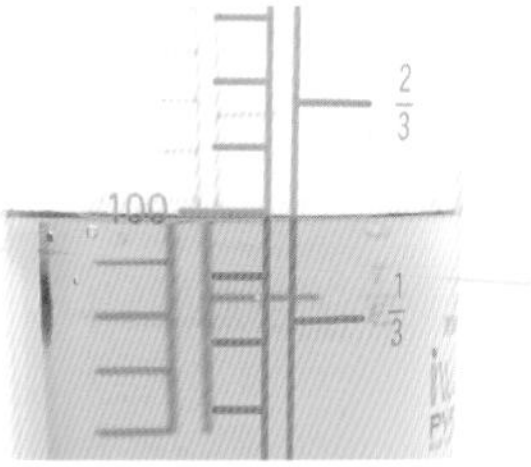

一般的量杯是200ml。選擇透明材質，才能清楚看見刻度。目測刻度時，視線要與刻度平行。

量匙的計量方法

1大匙 ▶ 15㎖　　**1小匙** ▶ 5㎖

如果是液體，**1大匙**就是要裝滿。因為表面張力作用之故，以撈物的姿勢盛液體。

目測 **½ 匙**，約是⅔量匙分量（參考照片），⅓匙約5分滿。若為淺口匙，½ 杯約8分滿，⅓杯是5分滿。

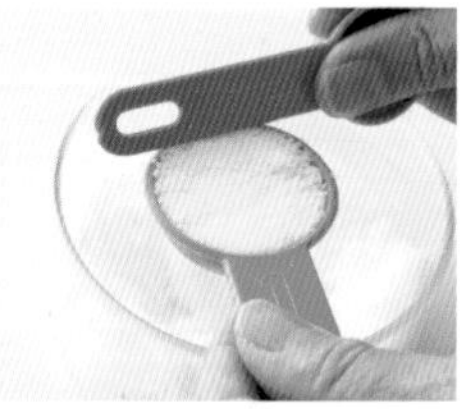

計量粉類材料時，要舀滿（不能壓），再用其他的湯匙匙柄或竹籤推平。

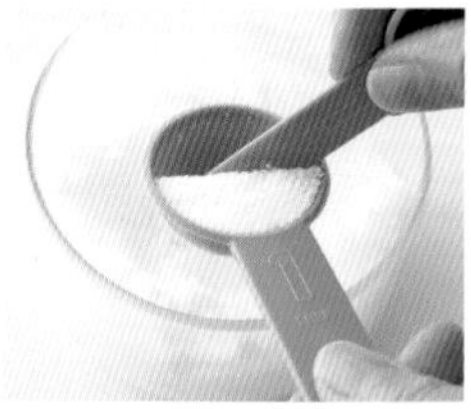

½匙的話，先整個舀滿，再除去半匙分量（參考照片）。¼匙就是½匙的一半。

「少許」與「一把」

少許就是使用大拇指和食指抓到的分量。請看照片，裝進量匙裡，約是這些分量。

一把是使用大拇指和食指、中指抓到的分量。請看照片，裝進量匙裡，約是這些分量。

成為廚藝高手必學訣竅｜之③

備齊調味料！

最近市場已推出馬鈴薯燉肉調味料、薑燒豬肉調味料、火鍋調味料等各式專用調味料。如果每一種都買，冰箱就會堆滿這些調味料！因此，本單元會介紹幾乎所有料理都能派上用場的基本調味料，只要備齊這些用料，就能作出美味佳餚。

「調味順序及方法」參考124頁

糖　さ

白砂糖使用頻率最高。黃砂糖（二號砂糖）比白砂糖甜，適合燉滷料理。

鹽　し

鹽是料理味道的決定關鍵。不要使用化學合成鹽，以自然原料日曬而成的鹽最理想。

醋　す

有穀物醋、米醋等各種種類。穀物醋價格較親民；米醋較香，口感較溫和。

醬油　せ

有濃口和薄口2種。一般的醬油為「濃口」，詳細解說參考34頁。

味噌　そ

一般味噌是指米味噌，詳細解說參考32頁。

味醂

口味濃甜的酒類調味料，可以讓料理更甘甜濃香。紅燒料理的最佳調味料，也有除去魚貝類腥臭味的效果。味醂風味的調味料（與味醂不同）價格便宜，酒精成分較少，香氣偏淡。

料理酒

料理酒可增添料理香氣和口感，也可除去肉類或魚貝類的腥味，還可柔軟肉質。市售料理酒當然可以當成調味料使用，但若使用一般的日本酒更加美味。西式料理建議使用葡萄酒，中菜則使用紹興酒。

調理油

首先先備齊沙拉油、橄欖油、香油。市面上也有販售能降低膽固醇的健康調理油，但建議一開始先準備這3種調理油。

胡椒

一般是指白胡椒（粉末／左）或粗粒黑胡椒（右）。粗粒黑胡椒最好選擇附研磨器的瓶裝商品，香味更濃。

美乃滋、番茄醬

想突顯料理口感，加強口味，可以選擇美乃滋或番茄醬。

調味醬

準備伍斯特醬（有甜味和酸味2種）、中濃醬就夠了。

奶油

奶油可以提升料理的風味和香氣。置於常溫解凍的話，使用湯匙就可以壓軟。1大匙是12g，1小匙是4g。

其他調味料

如果能事先將中華料理常用的調味料備齊，更加事半功倍（詳細說明參考106頁、114頁）。

粉類

建議事先備齊炸物麵衣所需的麵包粉（生麵包粉炸出來的口感較酥脆）或麵粉（低筋麵粉），以及勾芡用的太白粉。

成為廚藝高手必學訣竅 | 之4

學會火候及水分的控制訣竅！

火候及水分的控制是烹調作業中重要的步驟。雖然書中食譜對於火候分為「大火」、「中火」、「小火」3階段，還是希望你養成隨時檢查火候狀況的習慣。水分分為「與食材等高」、「蓋過食材」、「大量」3種。

水量

與食材等高

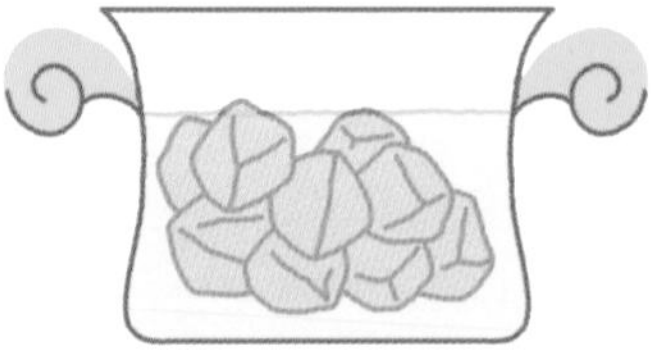

食材的上緣會稍微露出於水面（若隱若現的感覺）。

蓋過食材

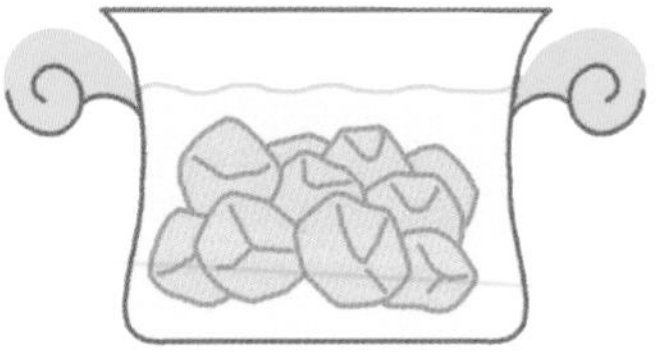

食材的頭不會露出水面外。水量比「與食材等高」時還多一點。

大量

食材整個沉在水中的狀態。燙青菜或需要撈浮沫時，就是這樣的水量。

火候

大火

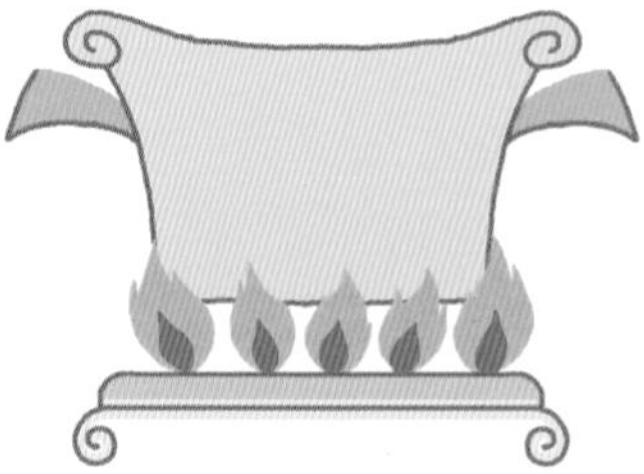

火燄覆蓋鍋子或平底鍋底部。熱鍋或熱油時，要用大火，熱了以後再將火轉小。若以滾沸狀況比喻，大火就是「滾開」的狀態。

中火

火燄似乎快要覆蓋鍋子或平底鍋的鍋底，但又沒有碰到的狀態。以滾沸狀況比喻，中火就是「沸騰」狀態。

小火

火燄不會覆蓋鍋子或平底鍋的底部。需要慢炒時，怕炒焦就要以小火炒。以滾沸狀態比喻，小火就是「冒熱氣」狀態。

日本媽媽的味道

Step1

和風料理

馬上能完成的簡單配菜 1

涼拌豆腐

副菜

材料（2人份）

絹豆腐…………1塊（300g）
細青蔥……………………2根
茗荷………………………1個
醬油………………………少許

check

絹豆腐與木棉豆腐的差異

使用鹽滷倒入豆漿中凝固而成的成品就是絹豆腐（又稱為嫩豆腐）（右）。絹豆腐口感滑順，猶如絲絹般柔軟，最適合涼拌豆腐或湯豆腐等料理。木棉豆腐（又稱為傳統豆腐或板豆腐）（左），其製法是在有洞的箱子裡鋪上木棉布，倒入豆漿，再沖入鹽滷水，用布壓乾而成。木棉豆腐的口感比絹豆腐硬實，適合麻婆豆腐等料理。同樣重量的話，木棉豆腐所含的蛋白質、鈣質等成分比嫩豆腐多。

適合這道料理的其他配菜！

10 馬鈴薯燉肉（P38）
72 豬肉味噌湯（P140）

事前準備

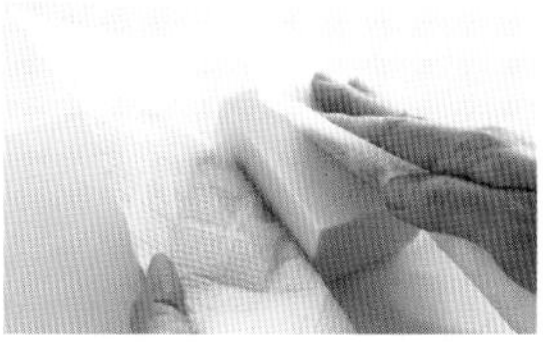

使用廚房紙巾擦乾豆腐。

細青蔥和茗荷切蔥花。

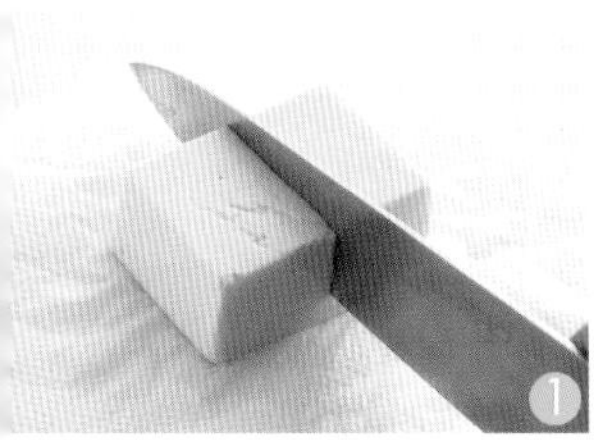

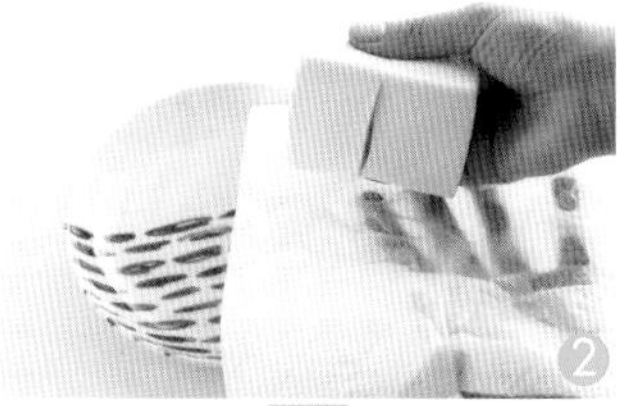

1 切豆腐

將豆腐置於紙巾上面，對半切，再對半切。

2 將豆腐移至盤子裡

將①的半數豆腐移至盤子裡，連同紙巾一起移動，豆腐比較不會破掉。

3 以辛香料裝飾

在豆腐上面擺切好的細青蔥和茗荷（也可以擺長蔥絲或薑泥）。

4 淋醬油調味

依個人喜好的口味淋醬油。沒有馬上食用的話，最好放進冰箱冷藏。

Point!

豆腐沒用完時，使用別的容器盛裝，加水與食材等高，放進冰箱保存。容器的水每天換新，可以保存2～3天。

自製拌醬 2

芝麻拌菠菜

副菜

材料（2人份）

菠菜……½束（150g）
鹽……少許
醬油……½小匙

拌醬		
	高湯	1大匙
	砂糖	¼小匙
	芝麻粉	½大匙
	醬油	½小匙

適合這道料理的其他配菜！

13 味噌煮鯖魚（P44）

16 雞肉丸子（P50）

check

芝麻粉

這道料理使用的拌醬為磨過的芝麻粉。可以使用研磨缽自己磨，如果買市售的芝麻粉更便利。芝麻磨過以後更容易攝取到它的營養成分。

事前準備

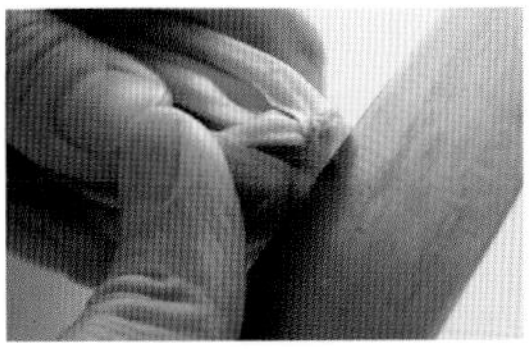

切掉菠菜根部有污土沾附的部分，用刀劃十字形，泡水，甩洗乾淨。

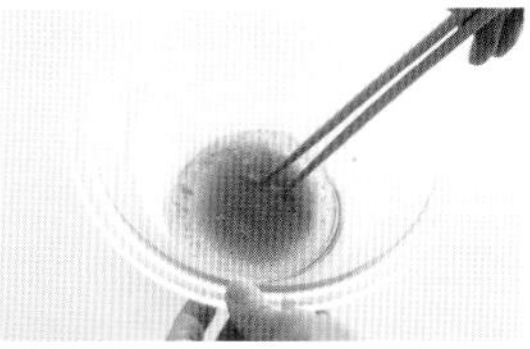

將拌醬拌匀，備用。

單柄鍋

①

2

③

③

1 燙菠菜

水滾後加鹽，先將不易熟的根部放進鍋裡。滾 10 秒後，再放葉子，再燙 20 秒。

約30秒

2 瀝水分

菠菜燙好後，泡在流動的水中，快速冷卻，再用手輕輕擰菜，擰掉水分。這個步驟可以預防菠菜因為燙太久而失去鮮綠。

3 醬油洗菜

菠菜置於砧板上面，全部淋上醬油，再用手擰去水分。

4 切成 3cm，拌醬

將菠菜切成 3cm，放進拌匀的拌醬缽裡，攪拌。這個混拌調味料的步驟就叫做「拌醬」。

Point!

醬油洗菜就是將醬油淋在食材上，用手擰菜除去多餘水分。醃或拌菠菜、鴨兒芹等葉菜類時，多了醬油洗菜的步驟可以更入味，又能瀝淨水分，更加美味。

將美味完全鎖住 3

烤茄子

副菜

材料（2人份）

茄子……………… 4支（350g）
薑………………………………1塊
醬油…………………………少許

check
烤茄子

茄子整支烤熟，再剝皮，沾醬油薑泥食用。重點在於皮不能烤到全黑。選購時，請選擇外皮有彈性、傷痕少，蒂頭有刺的。

適合這道料理的其他配菜！

53 豬肉蔬菜捲（P127）
56 涮豬肉涼拌沙拉（P129）

事前準備

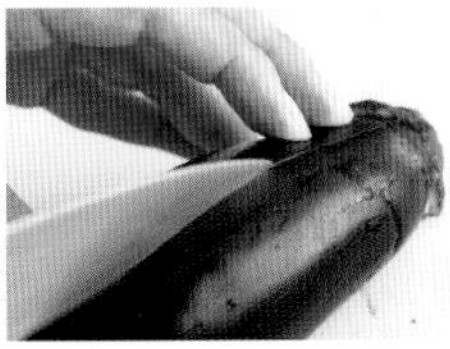

使用菜刀，在蒂頭部分畫一圈刀紋，再切掉蒂頭，於外皮垂直畫 5～6 條刀紋。

薑磨成泥。

電烤箱

皮要烤黑 ▲

1 茄子排好，擺在烤架上

擺法隨電烤箱種類改變。參考說明書排好茄子，讓茄子能夠均勻烤熟。

2 翻面，再烤一次

烤 5 分鐘後，翻面，再烤 5 分鐘。如果是上下同時受熱的電烤箱，不須翻面，烤 7～8 分鐘。

約 10 分

3 取出，剝皮

皮變黑後，取出擺在盤子上或平面容器內，剝皮。因為有畫刀紋，可以輕鬆剝皮，但還是要小心別燙傷。

4 盛盤

切成一口大小，放上薑泥，再淋醬油。

Point!

電烤箱係指安裝在瓦斯爐下面，專門用來烤魚的工具。如果你家的瓦斯爐未附電烤箱，也可用烤麵包機代替。使用烤麵包機時，烤盤上先鋪一層鋁箔紙，再擺茄子，接下來的步驟跟單面烤爐一樣，要翻面，加熱 10分鐘。

醋醃口感更清爽 ④

醋物

副菜

材料（2人份）

小黃瓜…………1根（100g）
鹽………………………………少許
海帶芽（鹽藏）……………30g

調合醋
- 醋……………………1小匙
- 高湯…………………1小匙
- 砂糖…………………½小匙
- 鹽……………………⅙小匙

適合這道料理的其他配菜！

51 牛肉絲時雨煮（P126）
54 龍田揚炸雞（P128）

check

鹽藏海帶芽

已泡過溫水的海帶，經過撒鹽、脫水的產品（照片左）。使用時用水把鹽分洗淨，再泡水5～6分鐘（照片右）。如果買不到，可用一般市售的乾燥海帶芽代替。開封後冷藏保存，期限約為10天。

事前準備

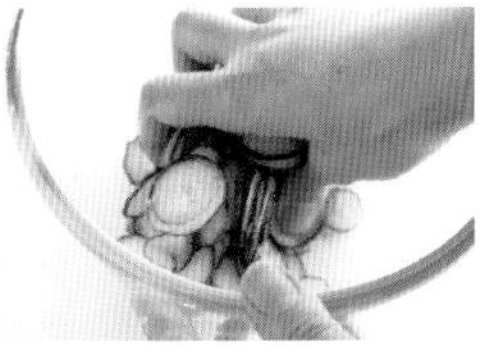

小黃瓜切薄片，用鹽搓揉（鹽搓）。

海帶芽洗掉鹽分、泡水。

小黃瓜的水分要擠乾 ▲

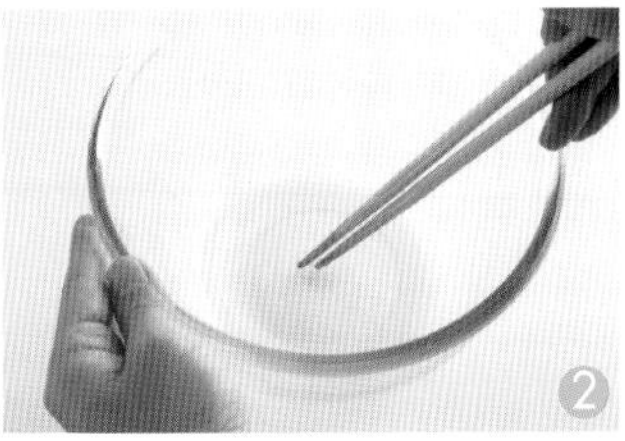

與調味料拌匀 ▲

1 擠乾小黃瓜的水分

小黃瓜搓鹽後，放置5分鐘，再擰乾水分。

2 拌調合醋

將調合醋材料倒進大碗裡，拌匀。

3 海帶芽切成一口大小

泡軟的海帶芽擰乾水分，切成一口大小。

4 放進大碗攪拌

將小黃瓜、海帶芽、調合醋放進大碗裡，攪拌。

Point!

還可以再加入小魚乾、櫻花蝦（乾燥）、芝麻、薑等材料，讓口感有更多變化。加了小魚乾或櫻花蝦時，因為這些食材本身含有鹽分，鹽量要減少。

辣椒的香氣非常開胃

5

金平牛蒡

副菜

材料（2人份）

牛蒡……………… ⅓根（60g）
紅蘿蔔……………… ¼（45g）
紅辣椒……………………… 1根
沙拉油………………… ½ 大匙
綜合調味料
高湯………………… 2 大匙
味醂………………… 1 大匙
醬油………………… ½ 大匙

適合這道料理的其他配菜！

14 酒蒸蛤蜊（P46）

17 親子蓋飯（P52）

check

金平

日文的金平是指一種調理方法，將牛蒡切絲或削成薄片，用油炒，再加砂糖、醬油拌炒，強調辣椒辛香氣味的料理。名稱由來是淨瑠璃的主角、坂田金平（SAKATANOKINNPIRA）。坂田金平是當時有金太郎之稱的大力神童「坂田金時」的兒子，體格壯、相當勇敢。在江戶時代牛蒡被認為是能補充精力的營養食品，吃了炒牛蒡就會像金太郎那麼有力氣，就以其兒子的名字命名，稱為金平牛蒡。

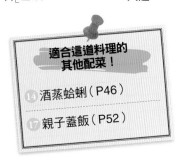

事前準備

牛旁、紅蘿蔔切成較粗的絲狀。

紅辣椒對半切，取籽。辣椒籽很辣，所以要拿掉。

攪拌調味料、備用。

平底鍋（小）

炒軟後，再加調味料 ▲

1 加熱辣椒和沙拉油

小火炒辣椒，爆香。注意火候，小心別炒焦。以小火加熱30秒～1分鐘。

30秒～1分

2 炒牛蒡和紅蘿蔔

放入牛蒡和紅蘿蔔，大火炒至變軟。

2～3分

3 加調味料

轉中火，拌好的調味料從鍋邊（平底鍋的鍋邊）整個淋一圈，炒到水分變少即可。

30秒～1分

Point!

一開始就放入紅辣椒，一直拌炒到最後，更能讓辣椒的辛香氣味釋放。怕吃辣的人，可以在中途取出辣椒。
這道炒牛蒡就算冷了也很美味，最適合當便當菜。不妨一次煮多一點備用。放冰箱冷藏可保存3～4天。

可以做多一點當作備用菜 6

滷鹿尾菜

副菜

材料（2人份）

鹿尾菜（乾燥）……30g
豆皮……½ 片
紅蘿蔔……3cm
黃豆（水煮）……50g
荷蘭豆……2 片
沙拉油……½ 大匙

綜合調味料
醬油……1 大匙
味醂……1 大匙
高湯……½ 杯

check
鹿尾菜（乾燥）

家裡如果平常就有準備海藻類乾貨，滷菜、煮味噌湯或炊飯時，都可以拿來當食材。乾貨（照片左）用水泡軟後，分量會變多（照片右），所以要先確認材料表標示的分量是指乾燥時的分量或泡水後的分量。

適合這道料理的其他配菜！

13 味噌燒鯖魚（P44）
25 薑燒豬肉（P70）

事前準備

鹿尾菜稍微水洗，泡水 15 分鐘。

熱開水淋豆皮、去油，煮的時候豆皮才會更入味。

紅蘿蔔和豆皮切成長方形片狀，荷蘭豆快速汆燙後，斜切成絲。

單柄鍋

1 炒鹿尾菜和紅蘿蔔

沙拉油倒進單柄鍋裡、加熱，拌炒瀝去水分的鹿尾菜、紅蘿蔔。

2～3分

2 加入剩下的材料和綜合調味料

紅蘿蔔炒軟、整個過油後，加入豆皮、黃豆、綜合調味料一起滷。

8～10分

3 盛盤

煮到水分變少後，盛盤，擺荷蘭豆裝飾。

完成的標準狀態 ▲

Point!

滷鹿尾菜冷藏期限是 3～4 天，冷凍期限為 2 週。建議可以一次煮多一點，平時菜少一樣時，就能派上用場。

快速上菜的簡單料理 7

海帶芽豆腐味噌湯

副菜

材料（2人份）

海帶芽（乾燥）……2g
豆腐……¼塊（75g）
高湯……1½杯
味噌……約1大匙

＊如果是鹽藏海帶芽，分量是25g。

check

味噌

味噌是由米、麥、豆類所製成，與醬油並列為日本的傳統調味料。代表種類為辛口（鹹）淡色味噌（信州味噌等／照片左上）、赤味噌（八丁味噌等／照片右上）、甘口（甜）白味噌（西京味噌等／照片下）。建議選購未加防腐劑和調味料的天然釀造味噌，才能品嚐原始風味。開封後請放冰箱保存。

適合這道料理的其他配菜！

62 天婦羅（P133）
64 蕪青葉魩仔魚炊飯（P135）

事前準備

這道料理的乾燥海帶芽不須泡水，切好後直接丟進湯裡。如果泡水，分量會變很多，請留意。

製作高湯（參考 15 頁）。

單柄鍋

放在砧板上面切 ▲

放在手掌上面切 ▲

1 使用鍋子加熱高湯

高湯一次煮好，放冰箱保存備用，會非常方便。忙的時候以市售高湯塊代替亦可。

約 3 分

2 切豆腐、放入鍋中

豆腐切成 1 ～ 2cm 的骰子狀。可以擺在砧板上面切，但是放在手掌上切，切好直接放進鍋子裡，比較不易碎掉。

約 30 秒

3 加入海帶芽

加入海帶芽，再煮滾即熄火。

約 10 秒

4 溶解味噌

如果家裡有，使用味噌濾勺溶解味噌很省事。沒有的話，使用一般湯勺也行。

Point!

熄火後才加入味噌，才不會破壞味噌原有風味。滾太久，高湯和味噌的香氣都會流失，再加熱時要注意火候，絕對不要煮到滾。

人人都該學會的料理 8

高湯煎蛋捲

主菜

材料(2人份)

蛋	4個
綜合調味料 高湯	4大匙
綜合調味料 味醂	1小匙
綜合調味料 薄口醬油	1小匙
綜合調味料 鹽	少許
沙拉油	少許

＊可以依喜好加上蘿蔔泥佐醬油等增添風味。

適合這道料理的其他配菜！

15 蔬菜炒肉(P48)

18 炊飯(P54)

check

薄口醬油

一般的醬油是指濃口醬油（照片左）。薄口醬油（照片右）的顏色比濃口醬油淡，如果是煮物或高湯煎蛋捲等不希望醬色太深的料理，請選擇薄口醬油。雖然薄口醬油顏色較淡，但含鹽量比濃口醬油多。

事前準備

準備大碗，打蛋，使用調理筷像在切東西般，將蛋汁拌勻。

將調好的調味料倒進打好的蛋裡，製成蛋液。

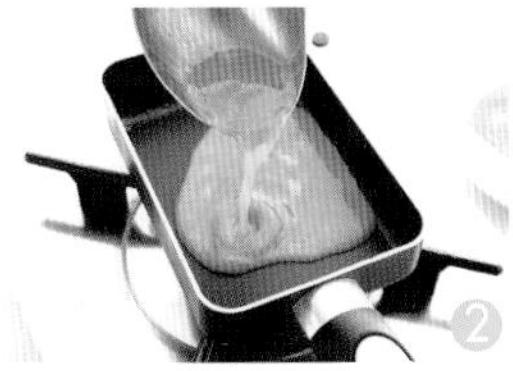

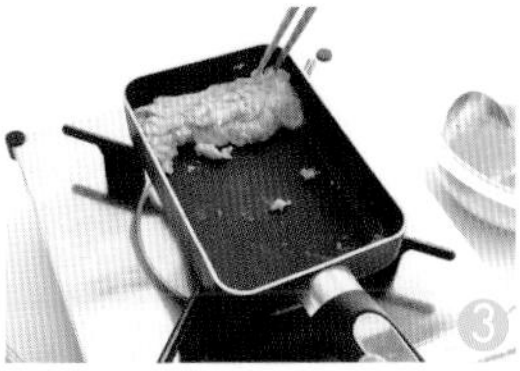

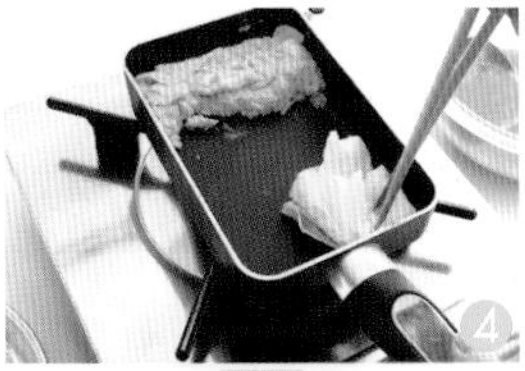

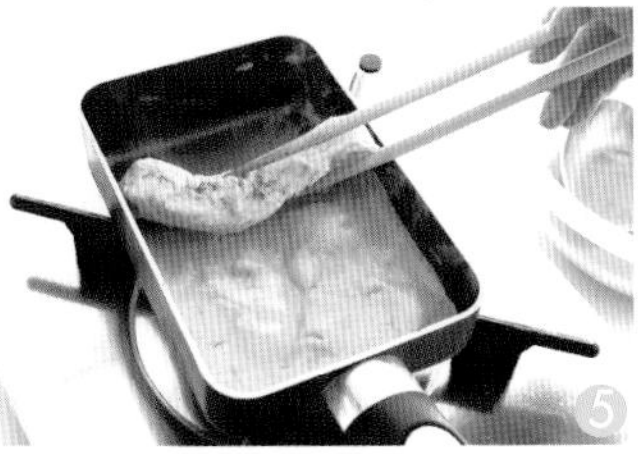

煎蛋鍋

1 煎蛋器抹油，加熱

使用專用的煎蛋器，才能煎出漂亮的蛋捲。如果沒有，請使用平底鍋（小）。

約30秒

2 倒入蛋液

煎蛋鍋變溫熱後，轉小火，倒進約一碗的蛋液。

約30秒

3 製作打底的蛋捲

使用調理筷將氣泡弄破，同時要攪拌，等蛋液變硬定型，往對側方向壓，製作打底用的蛋捲。

約20～30秒

4 再抹油，倒入蛋液

使用紙巾在前方的空間抹油，再倒入一碗的蛋液。

約20～30秒

5 朝自己的方向捲

用調理筷將內餡的蛋捲稍微抬高，讓蛋液流到下面，等蛋液變硬定型，朝自己的方向捲，再朝對側方向壓。

約20～30秒

6 重複煎到蛋液用完

重複④和⑤步驟，把蛋液用完。煎好後取出蛋捲，置於砧板上，稍微散熱後再切。熱的時候切，容易碎掉。

可用鍋子蒸蛋 9

茶碗蒸

主菜

材料（2人份）

蝦子……2尾
香菇……1朵
銀杏（罐頭）……4個
魚板……2片（2cm）
鴨兒芹……2根
蛋液：
- 蛋……1個
- 高湯……1杯
- 味醂……¼小匙
- 鹽……¼小匙
- 薄口醬油……少許

＊因為連容器一起蒸，請準備耐熱容器。

適合這道料理的其他配菜！

27 烤鮭魚（P74）
65 章魚炊飯（P135）

check
銀杏

所謂銀杏是指銀杏果。有股獨特氣味，外面有硬殼包覆。銀杏是秋季代表食材，可以當成茶碗蒸的材料，也可以直接炒，當成下酒菜，可以說是很受歡迎的食材。秋天以外的季節很難能看到新鮮的生銀杏，就用罐頭或真空包裝等加工銀杏代替。

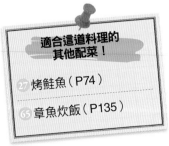

事前準備

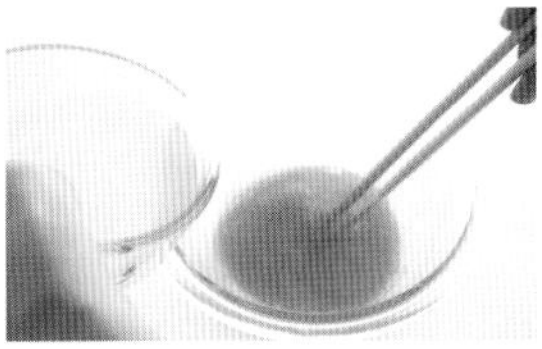

調味料加進打好的蛋汁裡，拌成蛋液。

蝦子去腸泥，沒有腸泥可以省略這個步驟。

香菇切成 4 等分，鴨兒芹保留裝飾用部分，其餘切成長度 2cm 的段狀。

雙柄鍋

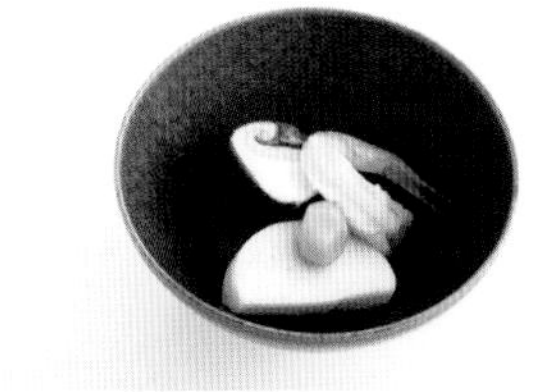

①

②

擺好蒸架▲

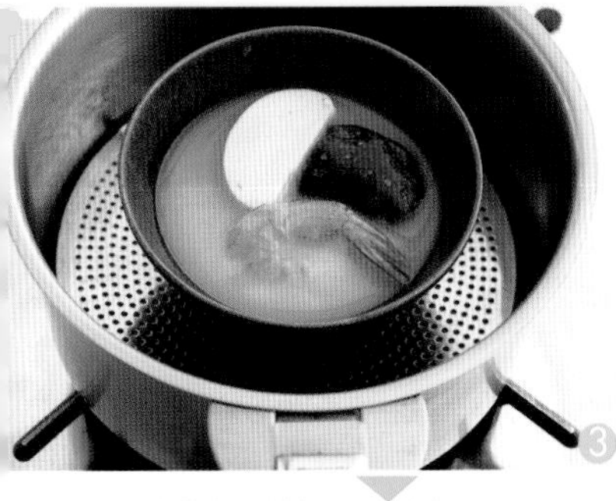

③

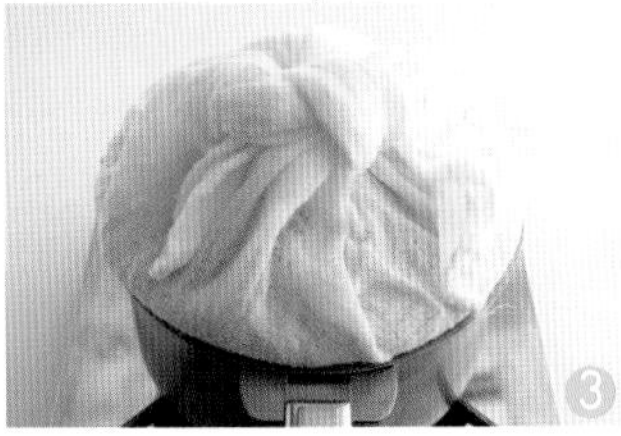

③

1 將餡料倒進耐熱容器裡

將蝦子、香菇、銀杏、魚板、切成 2cm 段狀的鴨兒芹放進容器裡，倒入蛋液。

2 用放了蒸架的鍋子，把水煮滾

蒸架放進鍋裡，蒸架下面放滿水，煮滾。

約 30 秒～1 分

3 放入①，以小火蒸

水煮滾後，放入①。蓋上包著布巾的鍋蓋，布巾在鍋蓋上方打結，以小火蒸 5～6 分鐘。鍋子裝不下 2 個器皿時，分 2 次蒸，處理過程中小心別燙傷。

5～6 分

4 鴨兒芹裝飾

用竹籤刺，沒有沾黏蛋液，表示蒸好了。再擺上裝飾的鴨兒芹。

Point!

蒸蛋時間因容器厚度而有所差異。當鍋裡的水過度沸騰，會有氣泡產生，蒸蛋會出現「氣孔」，請注意火候。

味道完全入味 10

馬鈴薯燉肉

主菜

材料（2人份）

肩胛里肌豬肉（薄片）⋯150g
馬鈴薯⋯2個（250g）
紅蘿蔔⋯¼根（45g）
洋蔥⋯1個（200g）
四季豆⋯5根（40g）
蒟蒻絲⋯100g

綜合調味料
- 醬油⋯2大匙
- 味醂⋯2大匙
- 砂糖⋯2小匙
- 酒⋯1大匙

沙拉油⋯1大匙

適合這道料理的其他配菜！

4 醋物（P26）

104 海藻寒天沙拉（P160）

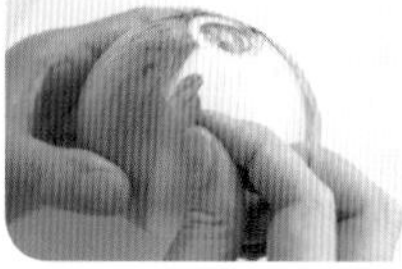

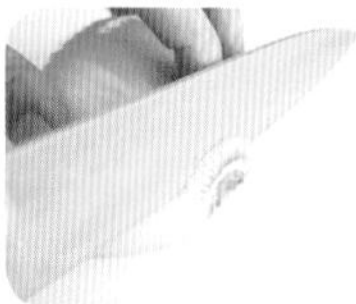

check
洋蔥皮

洋蔥切掉上面和下面，用手剝下最外面的咖啡色薄皮。若白色球莖有局部變成咖啡色，請用菜刀只切下這個部分，或用手剝也行。

事前準備

馬鈴薯隨意切塊，泡水（可預防煮的時候碎掉）。

豬肉和紅蘿蔔切成一口大小，洋蔥切成月牙形，四季豆切成長 3cm 段狀。

蒟蒻絲放進煮滾的水裡，再次煮滾汆燙，瀝去水分，剪成適當長度。

雙柄鍋

1 炒豬肉

將沙拉油倒入鍋裡，放進豬肉炒。

2～3分

2 加入蔬菜、翻炒

等豬肉變色後，放進瀝去水分的馬鈴薯、紅蘿蔔、洋蔥，一起炒，炒到所有食材都過油，出現光澤，再加水（分量外）。

約1分

3 撈去浮沫

以大火加熱，開始出現浮沫時，轉小火，使用浮沫撈勺撈去浮沫。

2～3分 ▸ 3～5分

4 加入綜合調味料

浮沫撈淨後，加入蒟蒻絲和綜合調味料，再煮滾。

25～30分

5 加入四季豆，再煮滾

等馬鈴薯變軟後，再加入四季豆，煮滾即熄火。

約1分

學會煮物就是料理高手 11

筑前煮

主菜

材料（2人份）

雞腿肉……½片（100g）
蓮藕……½節（70g）
牛蒡……¼根（45g）
紅蘿蔔……¼根（45g）
乾香菇……3朵
荷蘭豆……6片
沙拉油……1小匙
高湯……¾杯
泡香菇水……¼杯
酒……1大匙
醬油……1½大匙
味醂……2大匙

適合這道料理的其他配菜！

64 蕪青葉魩仔魚炊飯（P135）
84 綠豌豆飯（P148）

check

乾香菇

相較於鮮香菇，乾香菇除了富含維生素D，香氣與甜味也更勝一籌。而且可以常溫長期保存，非常方便。加入泡香菇的水一起煮，煮物更美味。

事前準備

乾香菇泡溫水 15 分鐘，泡軟後，再切成 4 等分。

雞腿肉、紅蘿蔔切成一口大小。荷蘭豆汆燙後，對半斜切。

蓮藕和牛蒡切成一口大小，泡濃度 1.5％（水 1 公升加醋 1～2 大匙）的醋水 5 分鐘。

雙柄鍋

1 炒雞肉

將沙拉油倒入鍋裡，加熱，炒雞肉。

1～2分

2 加入蔬菜、翻炒

等肉變色後，加入牛蒡、蓮藕、紅蘿蔔快炒，所有食材均勻過油後，注入高湯、泡香菇的水。

1～2分

3 一邊撈浮沫一邊煮

以大火加熱，煮滾後轉小火。使用浮沫撈勺撈浮沫，加入酒和香菇一起煮。

1～2分 ▶ 2～3分

4 加入味醂和醬油，一起滷煮

加入味醂和醬油，蓋上落蓋（參考124頁），煮到煮汁變少為止。

約15分

5 盛盤

盛盤，撒荷蘭豆。

完成的標準狀態▲

作法出乎意料簡單 12

照燒鰤魚

主菜

材料（2人份）

鰤魚……2片（160g）

醃醬
- 醬油……½大匙
- 味醂……½大匙
- 酒……½大匙

沙拉油……½大匙

白蘿蔔……100g

紫蘇……2片

適合這道料理的其他配菜！

71 滷煮南瓜（P139）

99 紅蘿蔔絲炒蛋（P157）

check

鰤魚

鰤魚是身長超過1公尺的大型魚，所以在超市看到的都是切片商品。想買到野生鰤魚的話，適當期間是秋末至冬天，其他時間只能買到養殖鰤魚。

事前準備

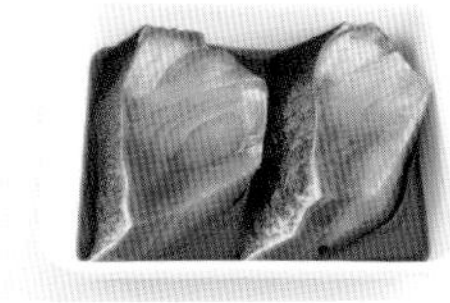

將鰤魚片和醃醬放入盤子裡，中途要翻面，醃 5 分鐘。

白蘿蔔磨泥，瀝去水分備用。

紫蘇洗淨，用紙巾擦乾，切掉根部。

平底鍋（小）

滷煮醬汁，讓魚肉入味▲

1 將油倒入鍋中，加熱

在平底鍋內倒入沙拉油，加熱。

20～30秒

2 逐面煎熟

擦乾鰤魚片水分，兩面煎至金黃色。

1～2分

3 煎煮

蓋上鍋蓋，煎煮。

3～5分

4 淋醃醬

醃醬倒在平底鍋空出來的地方，滷煮魚片，讓魚片全都沾到醬汁。

30秒～1分

5 盛盤

紫蘇先鋪盤，再擺上鰤魚片，白蘿蔔泥擺旁邊。

保證會一再添飯 13

味噌燒鯖魚

主菜

材料（2人份）

鯖魚……2片（180g）
薑……1塊
長蔥……1根

綜合調味料
- 味噌……2大匙
- 砂糖……1大匙
- 味醂……1大匙
- 酒……½杯
- 水……½杯

適合這道料理的其他配菜！

4 醋物（P26）

6 滷鹿尾菜（P30）

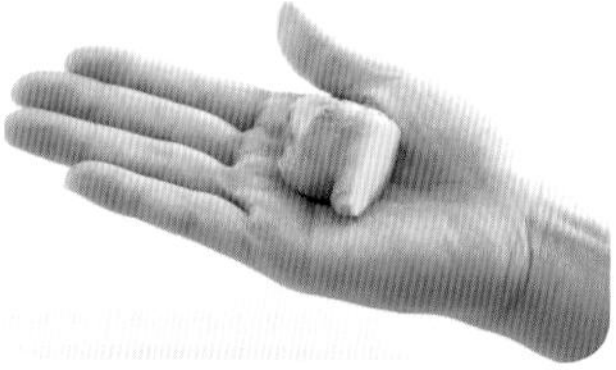

check

薑

薑是煮魚料理常用食材。因為薑能除去魚的腥味。材料表的「薑1塊」，約是長2～3cm的薑塊（10g）。如果你買到無農藥的薑，最好連皮一起使用，薑皮富含有益身體的藥效成分。

事前準備

在鯖魚皮畫十字刀紋。

薑切成薄片。

長蔥切成長 4cm 的段狀，使用平底鍋煎出焦黃色。

平底鍋（小）

1 煮綜合調味料

將拌勻的綜合調味料、薑放進平底鍋裡，以中火煮開。

1～2分

2 放入鯖魚

煮滾後，皮面朝上，放入鯖魚。

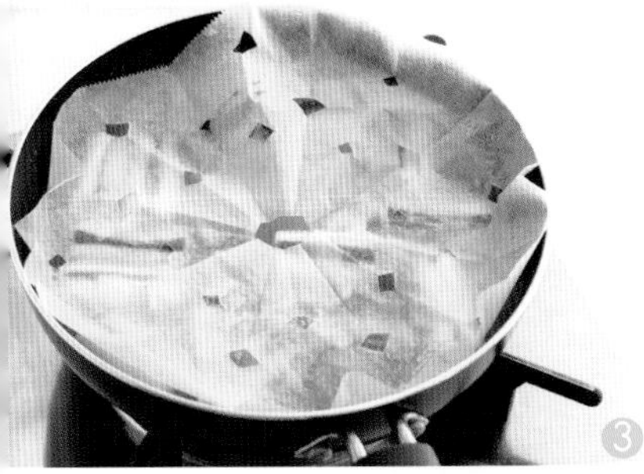

落蓋作法參考 124 頁 ▲

3 蓋上落蓋、燜煮

再煮滾後，對著魚片淋煮汁，轉小火，再蓋上落蓋，煮約 15 分鐘。

約 15 分

舀煮汁、淋魚肉 ▲

4 加入蔥、再煮

煮汁稍微減少後，拿起落蓋，加入蔥，轉中火煮 1～2 分鐘，煮的時候要淋煮汁，煮到煮汁有黏稠感。

1～2分

Point!

皮面朝上煮，完成品的外觀才會漂亮。因為邊淋煮汁邊煮，所以不需要幫魚片翻面。

也可以當下酒菜 14

酒蒸蛤蜊

主菜

材料（2人份）

蛤蜊（附殼）	250g
酒	¼ 杯
紅辣椒	1 根
蒜頭	1 個
香油	½ 大匙

＊也可以買已經吐沙的蛤蜊。

＊可依個人喜好，最後撒上蔥末。

check

蒜頭的芯

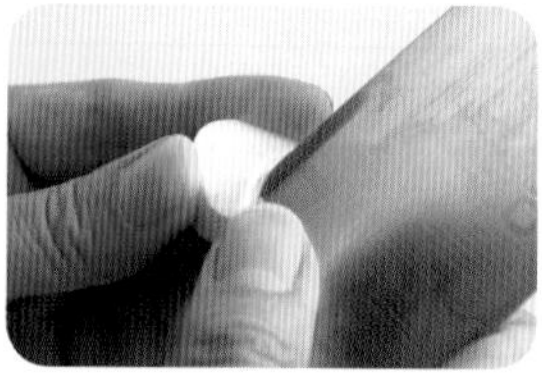

將蒜頭對半縱切，可以看到正中間的芯（新品種蒜頭無芯）。蒜頭的芯雖不像馬鈴薯發的芽，有害身體健康，但如果沒有拿掉，直接調理的話，會有青草的澀味，讓口感變差，還是拿掉底較好。因為是對半縱切，用菜刀的刀尖就能輕鬆去除。

適合這道料理的其他配菜！

18 炊飯（P54）

20 散壽司（P58）

事前準備

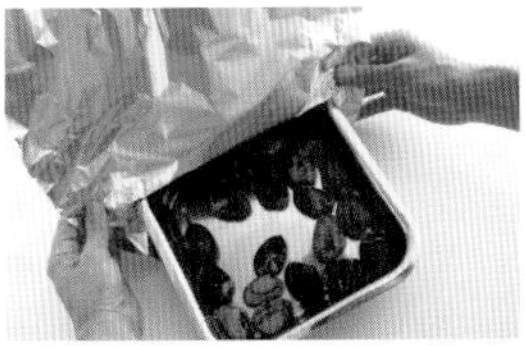

蛤蜊泡在濃度 3%的鹽水（水 200ml、鹽 1 小匙）裡2～3個小時（上面蓋鋁箔紙或報紙，製造黑暗環境），吐沙。

蒜頭切末，紅辣椒對半斜切，去籽。

平底鍋（小）

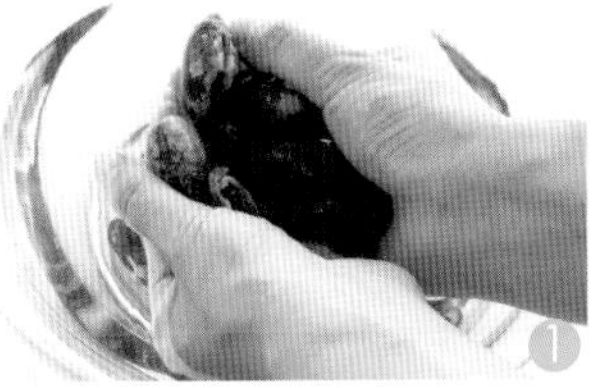

1 蛤蜊要洗淨

使用手掌搓殼，以合掌的動作洗淨。

2 炒蒜末和辣椒

將香油倒入平底鍋中，加熱後炒蒜末和辣椒。

30秒～1分

3 加入蛤蜊和酒

加入蛤蜊和酒，蓋上鍋蓋，蒸煮。

2～3分

4 等蛤蜊開口就完成

煮太久，蛤蜊肉會變硬。看到蛤蜊開口，立刻熄火。加熱後也不開口的蛤蜊要拿掉。

完成的標準狀態 ▲

Point!

蛤蜊沒有徹底吐沙，吃的時候口感會沙沙的，也就是沙沒有吐乾淨。香油可換成橄欖油，酒可換成白酒，就是西式酒蒸蛤蜊。

15 蔬菜炒肉

主菜

材料（2人份）

豬肉（肉絲）	150g
鹽・胡椒	各少許
青椒	1個
高麗菜	2片（100g）
紅蘿蔔	¼根（45g）
豆芽菜	½袋（125g）
醬油	1小匙
鹽・胡椒	各少許
沙拉油	1大匙

＊可用味噌、蠔油醬取代醬油調味。

適合這道料理的其他配菜！

120 中式蛤蜊湯（P168）

121 埃及國王菜湯（P168）

check

青椒的種類

一般青椒是指綠色種類，其實還有其他許多種類。綠色青椒不採收，放熟後就是紅甜椒，味道比綠色青椒甜，澀味也較輕。肉厚、個頭大的紅色、橘色、黃色等各色鮮豔甜椒也屬於青椒家族，非常甜，沒有青椒獨特的苦味。

事前準備

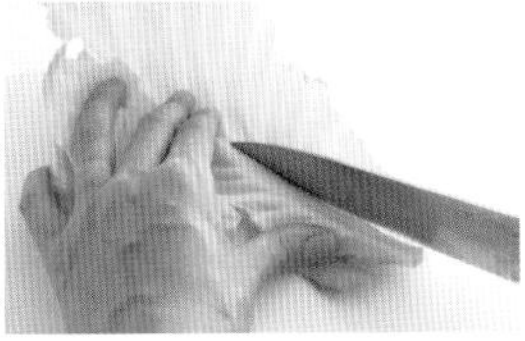
切掉高麗菜芯部分，再隨意切塊。

高麗菜隨意切塊，青椒去籽，切成細絲，紅蘿蔔切成長方形片狀。

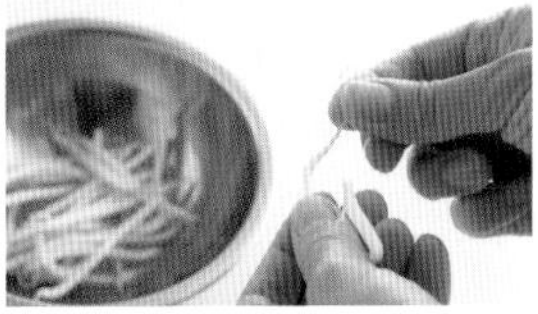
豆芽菜拔掉鬚根。

平底鍋（大）

調味料要均勻地全部都淋到▲

1 炒豬肉
1～2分
將沙拉油倒入平底鍋中，加熱，炒豬肉，撒鹽、胡椒。

2 加蔬菜，一起炒
2～3分
等肉絲變色後，加入青椒、紅蘿蔔、豆芽菜、高麗菜，一起炒。

3 加入調味料、調味
約30秒
等蔬菜炒軟後，淋醬油，再加鹽、胡椒調味。

Point!
拔掉豆芽菜鬚根，可以讓口感更好，外觀也比較好看。不拔掉也行，但有處理的話，會比較美味。市面上也有販售已經拔去鬚根的銀芽。

使用健康雞肉為食材 16

雞肉丸子

主菜

材料（2人份）

雞絞肉……150g
薑……1塊
長蔥……½根
味噌……1小匙
蛋……½個
太白粉……2大匙
沙拉油……1小匙
紫蘇……4片

適合這道料理的其他配菜！

96 涼拌秋葵（P156）

97 豆皮滷煮小松菜（P156）

check

雞絞肉

雞肉所含的脂肪量比豬肉、牛肉少，熱量也比較低，非常適合減肥者。以100g為標準，牛絞肉熱量是224卡，豬絞肉是221卡，雞絞肉是166卡。雞絞肉容易壞，買入後盡量於隔天用完。

事前準備

薑和長蔥切末。

蛋打匀、備用。

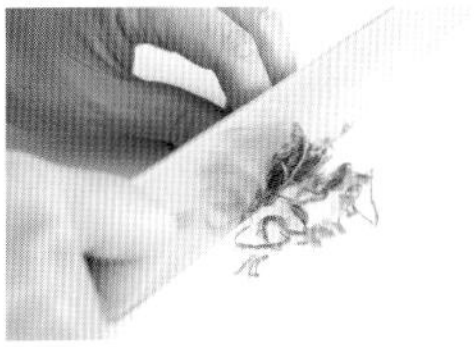

紫蘇洗淨，切絲。

煎好的狀態▲

平底鍋（大）

1 使用大碗製作肉餡

沙拉油和紫蘇以外的材料放進大碗裡，用手攪拌。

2 肉餡塑型

將肉餡分成 4 等分，捏成圓扁狀，厚度約是 1cm。捏前手要沾水，肉餡才不會沾黏手上，方便作業。

3 逐面煎熟

倒沙拉油於平底鍋、加熱，煎雞肉丸子。要翻面，兩面煎成金黃色。

2～4分

4 燜燒

蓋上鍋蓋，轉小火，燜燒。

約5分

5 盛盤

盛盤，再擺上紫蘇絲。

幾分鐘就能做好 17

親子蓋飯

主食 主菜

材料（2人份）

雞腿肉	½片（100g）
洋蔥	½個（100g）
蛋	2個
高湯	1½杯
薄口醬油・味醂	各1½大匙
飯	2人份（400g）
鴨兒芹	適量

適合這道料理的其他配菜！

66 涼拌菠菜（P136）

73 蔬菜清湯（P141）

check

親子蓋飯

因為食材是雞肉（親）和蛋（子），所以稱為「親子蓋飯」。先做好高湯（可使用市售品）的話，只要幾分鐘就能完成，非常簡單。高湯作法請參考15頁。

事前準備

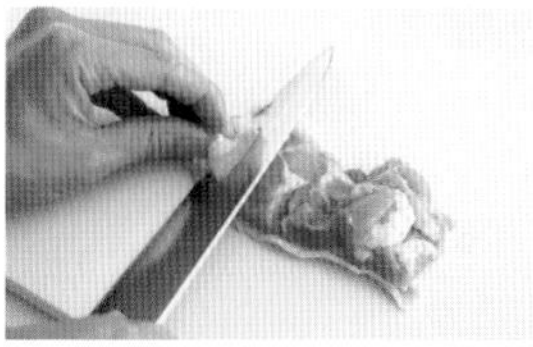

雞腿肉切成一口大小。

洋蔥切成月牙形，裝飾用鴨兒芹切成 2cm 長的段狀。

蛋打好、備用。

平底鍋（小）

利用餘熱燜▲

1 煮洋蔥

將高湯倒入平底鍋中，開火，加入洋蔥，蓋上鍋蓋，煮 3 ～ 5 分鐘。

3～5分

2 加入剩下的材料

加入雞肉、薄口醬油、味醂，煮 4 ～ 5 分鐘。

4～5分

3 淋蛋汁

雞肉煮熟後，淋入蛋汁，再煮 1 分鐘，熄火，蓋上鍋蓋，燜 20 ～ 30 秒。

1分

4 盛盤

使用大的碗盛飯，淋上③及鴨兒芹。

小包分裝冷凍保存 18

炊飯

主食

材料（4～6人份）

米……2合
雞腿肉……½片（100g）
紅蘿蔔……¼根（45g）
綜合調味料
醬油……1½大匙
酒……2小匙
味醂……2小匙
鹽……少許
牛蒡……¼根（45g）
香菇……2朵（30g）
四季豆……5根

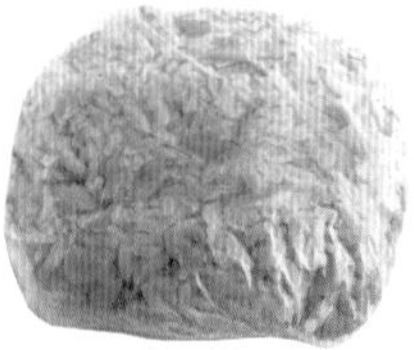

check
飯冷凍保存

想做炊飯時，大量煮會比少量煮更省事，而且更美味。吃剩的炊飯可以小包分裝，冷凍保存，非常方便。可以保存 1 個月。

適合這道料理的其他配菜！

8 高湯煎蛋捲（P34）
98 芝麻涼拌四季豆（P157）

事前準備

米洗淨，置於網勺上（約 15 ～ 30 分鐘，時間不宜超過）。

雞腿肉切成小塊，使用拌勻的調味料醃漬。

紅蘿蔔切絲，香菇對半切，再切成薄片，四季豆快速汆燙後，斜切成絲。

牛蒡削成薄片，泡醋水。

電子鍋

舀掉等同調味料分量的水 ▲

1 將米放進電子鍋

將洗好的米放進電子鍋裡，依平常的標準加水。然後將等同調味料分量的水（約 3 大匙）舀掉。

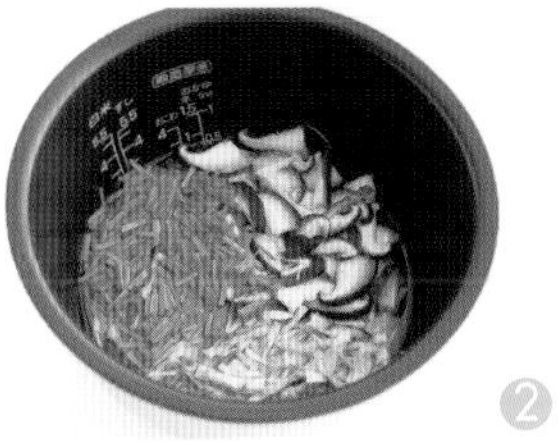

2 放入蔬菜

紅蘿蔔、牛蒡、香菇均勻擺在上面。

3 放入雞肉

雞肉連同醃汁一起倒進去。用飯勺均勻攪拌。

最後再加入四季豆 ▲

4 煮飯

煮好後，再加入四季豆，拌勻即可食用。

請趁熱享用 19

大阪燒

主食 主菜

材料（2人份）

豬肉（肉絲）……50g
高麗菜……3片（150g）
櫻花蝦（乾燥）……2大匙
麵粉……½杯
山藥……3cm
高湯……½杯
沙拉油……1大匙
大阪燒醬汁・
美乃滋・青海苔・
柴魚片……各適量

＊可依個人喜好放紅薑。

適合這道料理的其他配菜！

120 中式蛤蜊湯（P168）

121 埃及國王菜湯（P168）

check
櫻花蝦

新鮮櫻花蝦的生產期是春季至初夏時期。一整年都買得到，透過日曬乾燥的櫻花蝦保留蝦的鮮甜味，又有適當的鹹味，只要加點櫻花蝦，就能讓料理美味升級，還可以補充鈣質，請多加利用。

事前準備

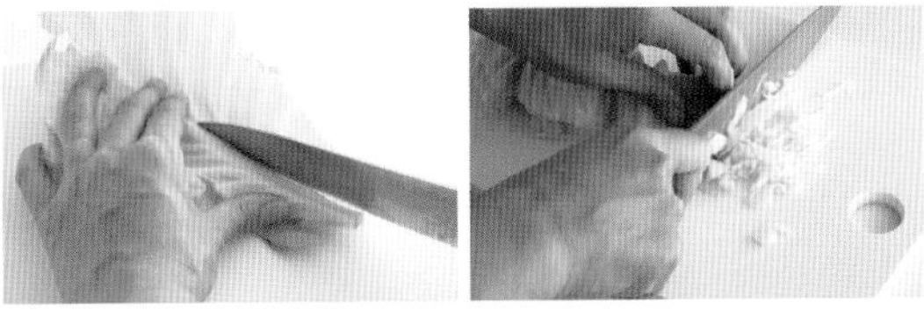

高麗菜切絲。芯的部分先切掉，葉子捲成圓形比較好切。

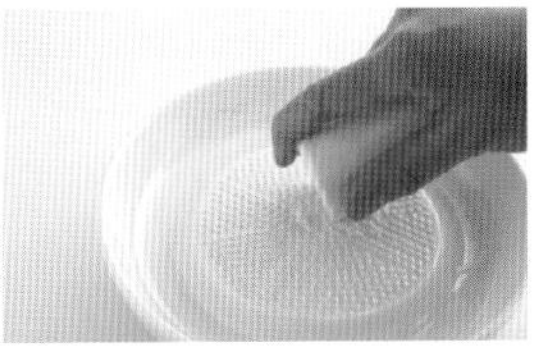

山藥磨泥。

平底鍋（小）

1 使用大碗製作麵糊

使用大碗拌勻麵粉、山藥，高湯少量分次加入，用調理筷攪拌，製作柔滑麵糊。

2 加入餡料

拌出柔滑感後，加入高麗菜、櫻花蝦。

3 炒豬肉

倒沙拉油於平底鍋，加熱，放入一半的豬肉拌炒。

1～2分

4 加入麵糊

等肉變色後，倒入一半的麵糊，一邊整形成圓形，兩面各煎 5～8 分鐘。再依相同要領煎另一片。

10～16分

5 盛盤

盛盤，淋上大阪燒醬汁，喜歡的話可再淋美乃滋，撒上青海苔、柴魚片。

非常適合拿來宴客 20

散壽司

主食 主菜

材料（3～4人份）

- 米……2合
- 昆布……15cm
- 壽司醋
  - 醋……約½杯
  - 砂糖……20g
  - 鹽……約1小匙
- 紅蘿蔔……⅓根（60g）
- 蓮藕……150g
- 蝦……6尾（90g）
- 酒……1大匙
- 乾香菇……4朵
- 高野豆腐……1片
- 蛋絲
  - 蛋……2個
  - 鹽……少許
  - 太白粉……½小匙
  - 沙拉油……少許
- 綜合調味料
  - 高湯……1½杯
  - 薄口醬油……2大匙
  - 砂糖……1大匙
  - 酒……1大匙
- 荷蘭豆……10片

＊在材料事前準備過程和拌飯時，都會用到壽司醋。

＊裝飾材料的切法要依人數調整。

適合這道料理的其他配菜！

70 滷煮里芋（P139）

73 蔬菜清湯（P141）

事前準備

先把壽司醋材料拌好、備用。

洗米，放入昆布煮飯（利用煮飯時間，進行其他準備作業）。

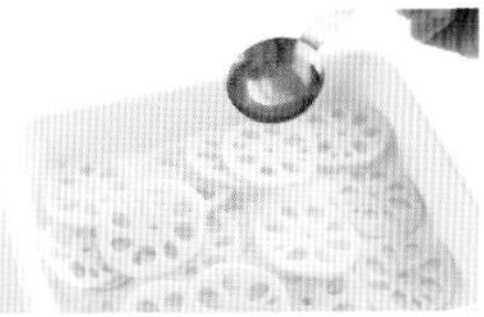

蓮藕切成薄片，汆燙，瀝去水分，用 1½ 大匙壽司醋醃漬。裝飾用的部分先保留下來，其餘部分切小塊。

蝦子放進平底鍋裡，淋酒，蓋上鍋蓋蒸煮，散熱後，淋 1½ 大匙的壽司醋。

紅蘿蔔切成長 2cm 的長方形片狀。

乾香菇泡軟，切成薄片。

依用法說明把高野豆腐泡軟，瀝去水分，切成長2cm的長方形片狀。

荷蘭豆汆燙，斜切成薄片。

平底鍋（大）

用調理筷撈起 ▲

1 製作蛋絲

使用大碗打蛋，加入鹽、太白粉，拌勻。平底鍋抹沙拉油，加熱，倒入 1 杯分量的蛋液，攤成薄片，只煎一面，煎成薄的蛋皮。再依相同要領處理剩下的蛋液。冷卻後，切成細絲。

30秒～1分

2 餡料調味

將綜合調味料倒入平底鍋，煮滾，加入紅蘿蔔、乾香菇、高野豆腐，一直煮到湯汁快收乾為止。

5～8分

3 壽司醋拌飯

像切東西般攪拌 ▲

將煮好的飯盛裝於平口容器（沒有的話，可用大碗代替），淋入剩下的壽司醋，一邊用扇子搧涼，一邊用飯勺像切東西般拌勻。

4 拌入餡料、盛盤

將瀝去水分的②、切好的蓮藕加入，一起攪拌，盛盤，再擺上裝飾的蓮藕、蝦、蛋絲、荷蘭豆。

成為廚藝高手必學訣竅 | 之⑤

美味煮飯訣竅

最近的電子鍋功能非常齊全，只要把米洗好，沒有弄錯水量，幾乎人人都能煮出一鍋美味的飯。其實有時候也可以轉換心情，想不想嘗試使用砂鍋煮飯？砂鍋導熱均勻，煮的飯非常美味。

用電子鍋煮

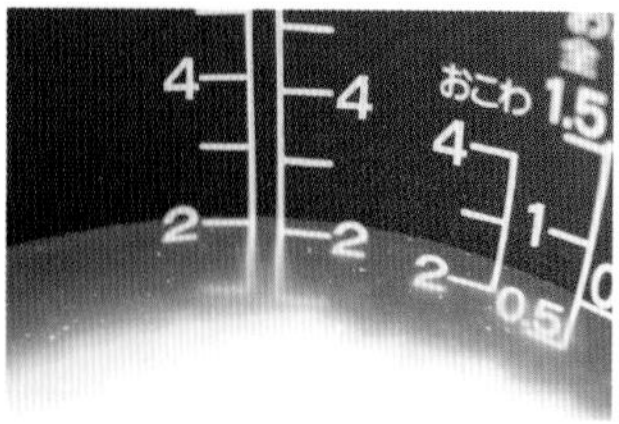

配合米量，調整水量。配合電子鍋內鍋的刻度標示，加入適當的水。

用砂鍋煮飯

米 1 合的重量是 180ml。因為水量是米量的 1.2 倍，所以煮 1 合米所需水量是 216ml。煮 1 合米時，水量要比 200ml 多一些。

淘米、浸水後，準備適當大小的砂鍋，將正確分量的米和水放進鍋裡，蓋上鍋蓋，以大火煮開。

等蒸氣從砂鍋蓋冒出，轉小火，再煮 10 分鐘。

熄火，放置 5 分鐘（燜飯）。燜好後，用飯勺從底部向上翻攪。

洗米

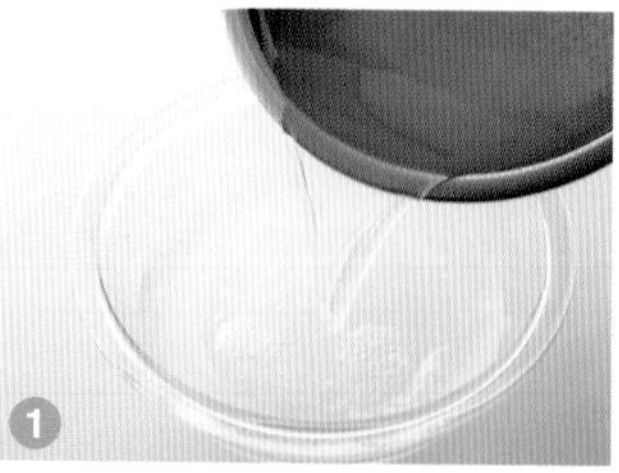

米放進大碗裡，加入滿滿的水，快速攪拌，第一次要馬上將水倒掉。

使用手掌壓洗（淘米）。太用力米會碎掉，請控制力道。

淘米結束後，再加水，輕輕攪拌，倒掉水。重複②和③步驟 3 ～ 4 次，最後將洗好的米倒在網勺上。

網勺間接泡水放置 15 ～ 30 分鐘，讓水滲透進去（浸水）。如果米直接浸水，放置 30 分鐘～ 1 小時。

大家的最愛

Step2

西式料理

煮的時間視個人喜好 21

水煮蛋

主菜

材料（方便製作的分量）

蛋……………………………4個
鹽……………………………少許

適合這道料理的其他配菜！

82 雞肉咖哩（P147）

86 抓飯（P149）

check

煮的時間標準和煮好的狀態

超級半熟蛋　半熟蛋(硬的)　硬蛋黃水煮蛋

煮的時間標準

煮超過12分鐘，蛋黃周邊會變黑。

3分 → 超級半熟蛋

4～7分 → 半熟蛋

10～12分 → 硬蛋黃水煮蛋

事前準備

從冰箱取蛋，置於常溫回溫，剝的時候才漂亮。

單柄鍋

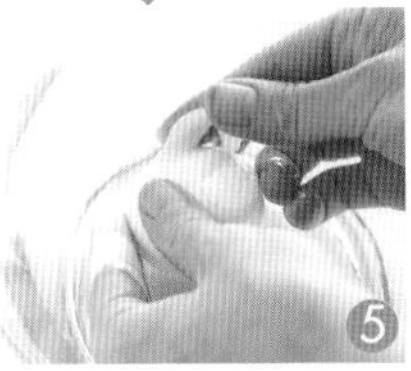

1 將水和蛋放進鍋裡

蛋和蓋過蛋的水、鹽放進鍋裡。

2 開火

沸騰前，一直使用調理筷攪動蛋，這個動作能讓蛋黃集中在中心。

約5分

3 依個人喜好決定煮的時間

水滾後，約煮 3 分鐘，就是蛋白硬的超級半熟蛋；煮 4 ～ 7 分鐘是半熟蛋：10 ～ 12 分鐘是硬蛋黃水煮蛋，依個人喜好決定時間。

3～12分

4 冷卻

沖水冷卻後剝殼，才能剝得順利又漂亮。

5 剝殼

用蛋的圓底部分敲桌子，出現裂痕後，放在水中剝殼，才能剝得漂亮。

假日的早午餐 22

法國吐司

主食

材料（2人分）

法國麵包……………………¼條
蛋……………………………1個
A［牛奶……………………¼杯
　 砂糖……………………1大匙］
奶油…………………………1大匙

適合這道料理的其他配菜！

107 涼拌捲心菜（P161）
115 蛤蜊巧達湯（P165）

check
楓糖漿

以糖楓為首的楓樹樹液濃縮甘味劑的總稱。顏色呈琥珀色，色澤愈濃者愈高級。可以淋在厚煎鬆餅或格子鬆餅上，或當成糕點的食材使用。

事前準備

法國麵包斜切成片，厚度是 1cm。

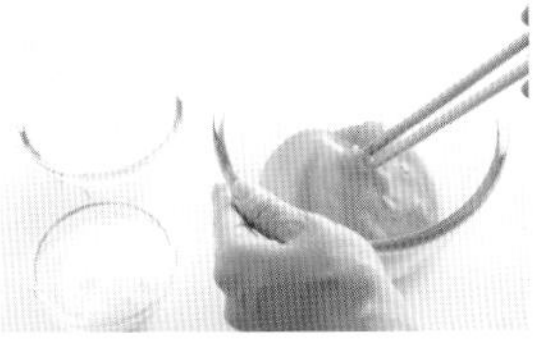

打好的蛋倒進 A 裡，製成蛋液。

平底鍋（大）

浸泡到蛋液不見，完全滲入 ▲

在奶油尚未全部融化前，放入麵包 ▲

1 麵包浸蛋液

將蛋液倒進深盤中，浸泡法國麵包。浸配約 10 分鐘後，翻面再浸泡 10 分鐘，讓麵包兩面都吸收蛋液。

2 逐面煎熟

奶油放進鍋裡，加熱，趁尚未完全融化前，放入①。煎 1 ～ 2 分鐘，出現焦黃色。再翻面依相同要領煎。

1～2分 ▶ 1～2分

3 盛盤

將②盛盤，依個人喜好淋楓糖漿或糖粉。照片使用的是楓糖漿。

Point!

沒有法國麵包的話，使用吐司（切成 6 片）亦可。一人份是一片，將吐司對半切，再浸泡蛋液。

攝取足量的蔬菜 23

義式蔬菜湯

副菜

材料（2人份）

培根……………… 1片（20g）
洋蔥……………… ¼個（50g）
芹菜……………… ¼根（25g）
紅蘿蔔…………… ⅙根（30g）
橄欖油…………………… 1大匙
A
綜合豆類（水煮）
……………………………50g
水煮番茄（整顆・罐頭）
……………… ½罐（200g）
水………………………… 1杯
高湯粉…………………… 1小匙
起司粉…………………… 1大匙
鹽・胡椒………………… 各少許

適合這道料理的其他配菜！

22 法國吐司（P64）
80 麥年煎魚排（P145）

check
水煮番茄

市場賣的生食用番茄和罐頭加工番茄其實品種不同。罐頭加工用番茄顏色較紅，茄紅素和胡蘿蔔素的含量是生食用番茄的2至3倍。水煮番茄有整顆（照片）或剖開的2種。

事前準備

培根切細絲。

洋蔥、芹菜、紅蘿蔔切成1cm 四方形片狀。

綜合豆類瀝去水分、備用。

單柄鍋

完成的標準狀態 ▲

1 炒培根

倒橄欖油於鍋裡加熱，炒培根。

1～2分

2 加入蔬菜一起炒

等培根出油後，加入洋蔥、芹菜、紅蘿蔔，一起拌炒。

30秒～1分

3 加入 A、燉煮

將 A 加入②中，一邊將番茄弄碎一邊煮。

約5分

4 盛盤

蔬菜都加熱過後，加鹽、胡椒調味，盛盤，撒起司粉。

Point!

高湯粉比固體的高湯塊更容易溶解。使用高湯塊時，最好先用手擠碎。顆粒高湯粉1小匙約與1個高湯塊等量。

大人小孩都愛 24

漢堡

主菜

材料（2人份）

- 綜合絞肉……200g
- 洋蔥……¼個（50g）
- 奶油……1小匙
- 麵包粉……1大匙
- 牛奶……1小匙
- A
  - 蛋……½個
  - 鹽……⅙小匙
  - 胡椒．豆蔻……少許
- 沙拉油……1小匙
- B
  - 蠔油醬……1大匙
  - 高湯粉……少許
  - 水……¼杯
  - 番茄醬……1大匙
- 番茄……½個
- 西洋芹……½束

適合這道料理的其他配菜！

108 馬鈴薯沙拉（P162）

114 玉米濃湯（P165）

check

豆蔻

豆蔻是一種辛香料，味甜辣香是其特徵，有消除魚類或肉類腥臭味的效果。除了是漢堡、肉醬的調味材，也是麵包、餅乾、蛋糕的調味材。用量太多香氣會過濃，請注意分量。

事前準備

麵包粉泡牛奶2～3分鐘。

洋蔥切末，打蛋備用。

番茄切成月牙形，西洋芹切掉根部。

平底鍋（小）

1 炒洋蔥

用平底鍋融化奶油，洋蔥炒至半透明，冷卻。

約5分

2 製作肉餡

將綜合絞肉、①、A、泡過牛奶的麵包粉放進大碗裡，用手攪拌至出現黏性。

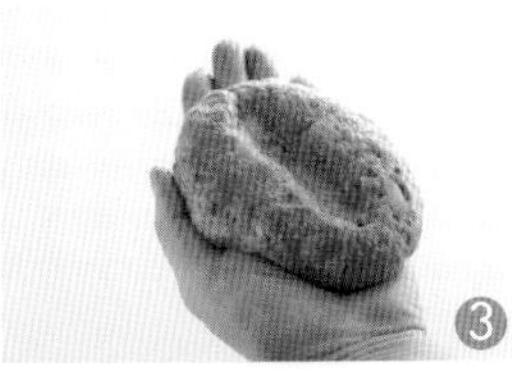

3 塑型

將肉餡分成2等分，用手掌敲打，讓裡面的空氣跑出來，同時捏成小圓型，中間稍微凹陷。

4 一面煎好後，再翻面

將沙拉油倒入平底鍋中，加熱，以中火煎至焦黃色，再翻面，煎了1～2分鐘後，加入高度蓋過漢堡一半的水（分量外）。

3～5分

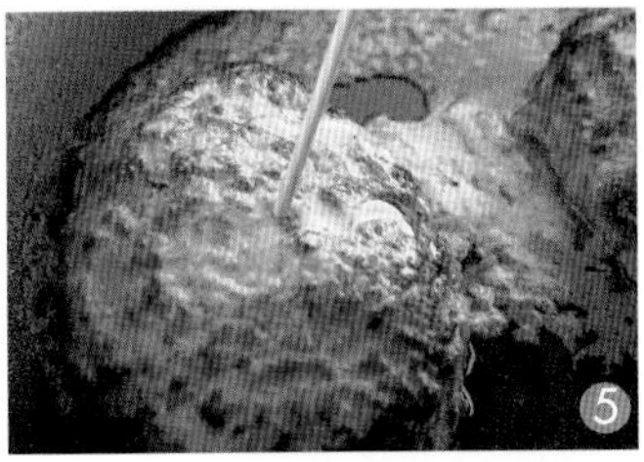

煮熟時會流出透明肉汁 ▲

5 以中火煎報裡面熟透

蓋上鍋蓋，再燜煎5～6分鐘。用牙籤刺，煎到流出透明肉汁為止。

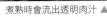

5～6分

6 製作醬汁

⑤煎好後，盛盤，用調理筷或湯匙去除鍋內的殘垢，加入B，開火煮醬汁。淋醬汁，擺上番茄和西洋芹，完成。

約1分

讓體力變好 25

薑燒豬肉

主菜

材料（2人份）

豬肉（薑燒專用）
……4～6片（240g）
薑……1½塊
酒……1大匙
A［醬油……1大匙
味醂……1大匙
酒……1大匙］
沙拉油……½大匙
小番茄……6個
高麗菜……2片

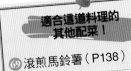

適合這道料理的其他配菜！

69 滾煎馬鈴薯（P138）

101 微波蒸玉米（P158）

check
豬肉

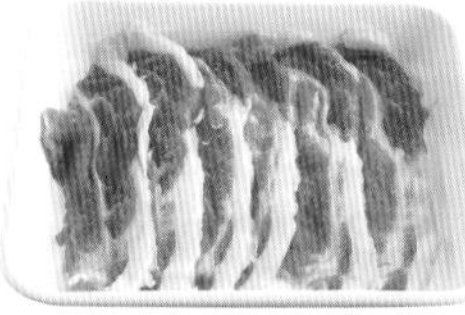

豬肉富含有消除疲勞效果的維生素B1。維生素B1能把飯類等食物富含的糖分轉換為能量，所以大家才會說吃豬肉能增強體力。多脂的腿肉、梅花肉、里肌肉等，都適合薑燒豬肉。照片中的是腿肉。

事前準備

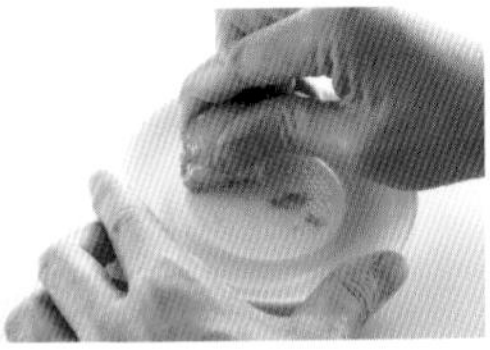

薑磨泥，使用約 1 塊的分量與 A 拌在一起。

薑汁（½ 塊分量）和酒一起醃豬肉 10 分鐘。

小番茄洗淨，擦乾，高麗菜切絲。

平底鍋（大）

肉不要疊在一起 ▲

1 豬肉瀝去水分、煎熟

將沙拉油倒入鍋中，加熱，加入瀝去水分的豬肉，兩面煎熟。

1～2分

2 加入 A，再煎

將肉撥到鍋邊，將準備好的 A 倒進空出來的地方，加熱，讓醬汁沾裹豬肉一起煎。

2～3分

肉翻面，讓肉片全部沾附醬汁。
小心火候，不要燒焦了 ▲

3 盛盤

盛盤，擺上小番茄和高麗菜。

Point!

薑可以消除魚類或肉類的腥臭味，涼拌豆腐或天婦羅等料理也會用到薑，用途很廣。薑除了可以促進血液循環，還有殺菌、預防感冒的效果。冰箱裡常備薑，真的很方便。討厭薑辣味的人，最後可以再追加洋蔥泥（¼ 個），就不會那麼辣。

利用味醂煎出照燒醬色

26 照燒雞腿

主菜

材料（2人份）

雞腿肉…………1片（200g）
青辣椒（獅子唐辛子）10根
醬油．味醂…………各1大匙
鹽…………少許
沙拉油…………1大匙

適合這道料理的其他配菜！

67 白和拌菜（P137）
103 糖燒地瓜（P159）

check
味醂

甜味濃、含酒精成分，煮物料理和照燒料理的必備調味料。據說在江戶時代被當成甜酒，很受人們喜愛。市面上有的味醂是用麥芽糖等成份調成的味醂風調味料，購買時請選擇標示為「本味醂」的商品。

事前準備

雞肉對半切，用叉子刺幾個洞。

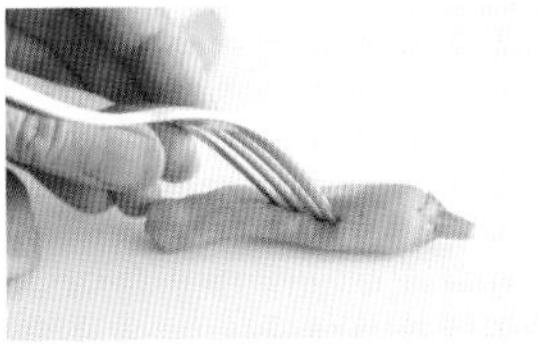
用叉子在青辣椒上戳洞。

將醬油和味醂拌在一起。

平底鍋（大）

1 皮面朝下，煎熟雞肉的一面

3～5分

將沙拉油倒入平底鍋，加熱，皮面朝下放進鍋裡煎。

2 煎熟另一面雞肉

約5分

煎至金黃色後翻面，蓋上鍋蓋，以小火燜煎。剩下的空間放進青辣椒，必須隨時翻面，與雞肉一起煎。

空出來的空間倒入調味料，煮滾 ▲

3 加入調味料，使雞肉入味

30秒～1分

青辣椒撒鹽，取出。從靠近自己的方向加入醬油和味醂，加熱至水分收乾，使雞肉入味。

Point!

先用叉子刺雞肉，比較容易入味。青辣椒先戳洞再煎的話，可以預防裂開。

烤麵包機的簡易料理 27

烤鮭魚

主菜

材料（2人份）

生鮭魚	2片（100g）	綜合調味料	味噌	1大匙
洋蔥	¼個（50g）		味醂	½大匙
紅蘿蔔	¼根（45g）		酒	½大匙
鴻喜菇	½袋（45g）		芝麻粉	½小匙

適合這道料理的其他配菜！

66 涼拌菠菜（P136）

96 涼拌秋葵（P156）

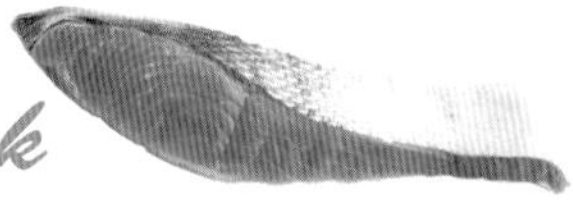

check
生鮭魚

市面上賣的鮭魚有鹽漬鮭魚、切片的燻鮭魚等。「生鮭魚」是指未經過加工的切片鮭魚。日本秋鮭活動期是秋天至冬天，過了活動期，市面上販售的商品以大西洋鮭魚為主。

事前準備

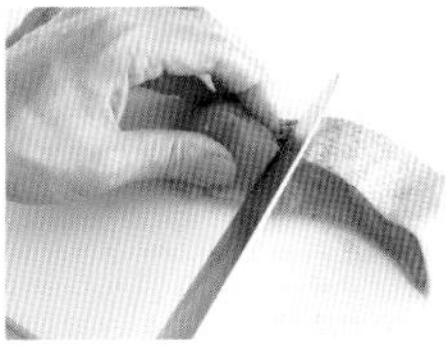

一片鮭魚切成 4 塊。

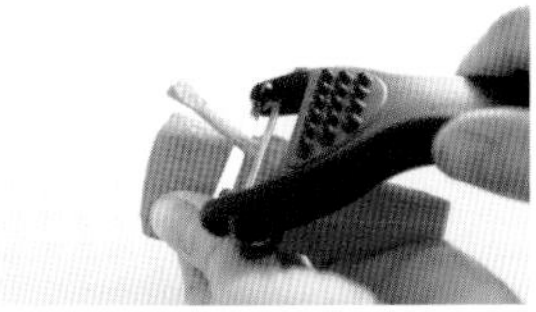

用削皮刀，將紅蘿蔔削成薄片。

洋蔥切成薄片，鴻喜菇去除根部，用手撕開。

烤箱

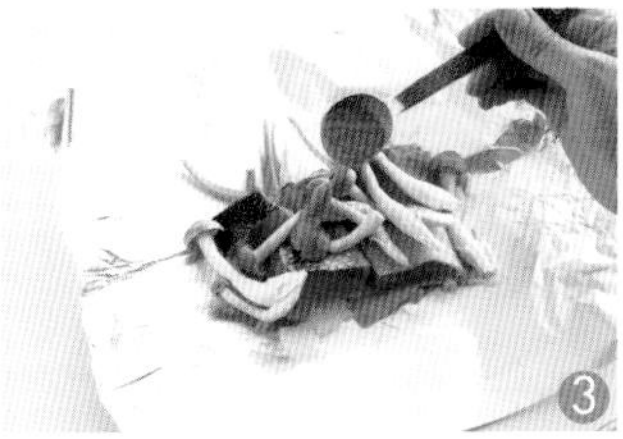

調味料均勻淋上 ▲

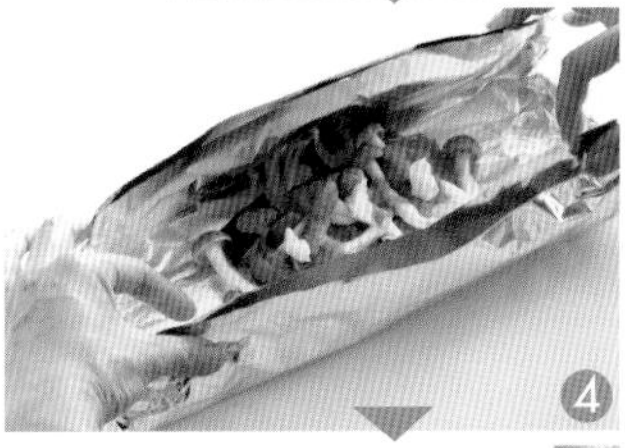

1 將鋁箔攤開

準備 4 張可以放得下鮭魚和其他材料的大型鋁箔紙（邊長 30cm）。

2 擺上鮭魚和蔬菜

將 2 片鋁箔紙疊在一起，將一半分量的洋蔥鋪在鋁箔紙中央，再擺上鮭魚，接著將一半分量的紅蘿蔔、鴻喜菇均勻鋪在鮭魚上面及其周邊。

3 淋上綜合調味料

一半分量的拌勻調味料均勻淋在食材上，可依個人喜好，再加入少許奶油。

4 封上鋁箔紙，放進烤箱烤

約20分

封上鋁箔紙，兩端和上緣要緊密封住。另一片鮭魚也依相同要領，用鋁箔紙包住。放進烤箱，烤約 20 分鐘。

所有食材一起煮 28

番茄燉雞肉

主菜

材料（2人份）

小雞腿（帶骨）……6根（300g）
鹽・胡椒……少許
櫛瓜……½根（100g）
茄子……1根（80g）
芹菜……⅓根（35g）
甜椒（紅色・黃色）……各¼個（50g）
洋蔥……¼個（50g）
蒜頭……1個
橄欖油……1大匙
A 水煮番茄（整顆・罐頭）……½罐（200g）
A 水……1杯
A 高湯粉……1小匙
A 月桂葉……1片

適合這道料理的其他配菜！

106 通心粉沙拉（P161）
108 馬鈴薯沙拉（P162）

check
月桂葉

將月桂樹的葉子乾燥後的食材。有股清新香氣，專門用來除去魚類或肉類的腥臭味。燉煮料理、咖哩、煮湯、醋漬料理等各種料理都會用到的食材，最好事先買好備用。

事前準備

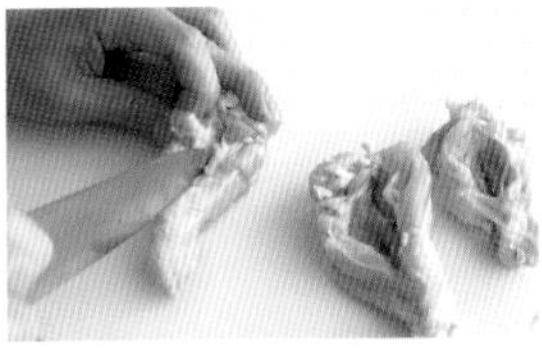

小雞腿抹鹽、胡椒，沿著骨頭畫刀紋。這樣比較容易熟透，食用的時候也比較容易撕開。

櫛瓜、茄子、甜椒、芹菜切成小塊，洋蔥切成 2cm 塊狀，芹菜葉切末。

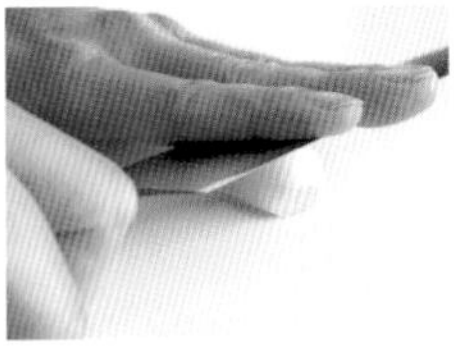

菜刀壓蒜頭，拍碎。

雙柄鍋

完成的標準狀態▲

1 煎雞肉

將橄欖油和蒜頭放進平底鍋，加熱，蒜頭爆香後，加入雞肉，煎至表面呈現金黃色。

2～3分

2 加入蔬菜炒

加入櫛瓜、茄子、芹菜、甜椒、洋蔥，一起拌炒。

1～2分

3 加入 A，燉煮

所有食材都過油加熱後，加入 A，再燉煮 10 ～ 15 分鐘。

10～15分

4 盛盤

盛盤，撒芹菜葉末。

Point!

茄子切好後要泡水，去除澀液，又能防止變色。小雞腿可以換成雞翅。使用帶骨肉時，骨頭會釋放湯汁，湯汁的鮮甜能讓料理美味更升級。

將鮮甜美味完全鎖住 29

高麗菜捲

主菜

材料（2人份）

高麗菜……大4片
洋蔥……¼個（50g）
A
- 綜合絞肉……150g
- 蛋……½個（25g）
- 番茄醬……2大匙
- 鹽・胡椒……各少許

B
- 水……1杯
- 高湯粉……1小匙
- 奶油……1小匙

適合這道料理的其他配菜！

105 普羅旺斯燉菜（P160）
109 番茄沙拉（P162）

check
落蓋

燉煮料理時會用到，比鍋口小一圈的小鍋蓋。使用落蓋的話，煮汁會均勻淋在每項食材上，口感非常均勻，還能預防食材裂開。如果沒有落蓋，可用烘焙紙代替。使用烘焙紙的話，紙張要比鍋子大一圈，作法參考124頁。

事前準備

汆燙高麗菜，直到變軟，去除菜芯。高麗菜芯切碎，加入肉餡裡。

洋蔥切末，打蛋備用。

平底鍋（大）

1 製作肉餡

A、切碎的高麗菜芯、洋蔥放入大碗裡，拌出黏稠感，分成 4 等分。

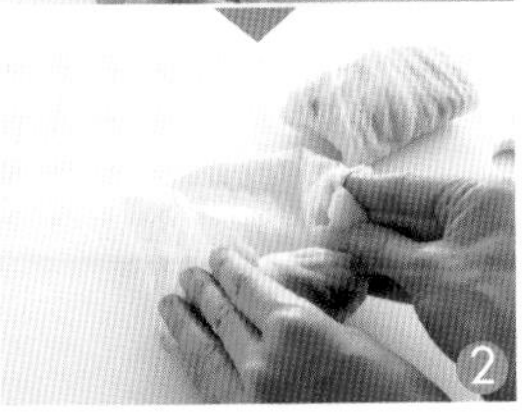

2 高麗菜包肉餡

汆燙好的高麗菜攤在砧板上，擺上①，包起來。捲到剩⅓時，再捲一圈，兩端朝中間折，一直捲到最後，包住肉餡。

3 準備燉煮

②收口處朝下，放入鍋裡，再加入 B。如果還有空間，用剩下的高麗菜（分量外）鋪滿，讓高麗菜捲無法移動為止，接著開火。

4 蓋上落蓋，燉煮

15～20分

蓋上落蓋，燉煮 15～20 分鐘。

完成的標準狀態 ▲

可以一次做多一點 30

青椒鑲肉

主菜

材料（2人份）

青椒……4個（120g）
洋蔥……¼個（50g）
A 綜合絞肉……200g
醬汁……2大匙
麵包粉……¼杯
鹽．胡椒……各少許
麵粉……少許
沙拉油……1大匙
番茄醬……適量

check
綜合絞肉

牛肉和豬肉混在一起，做成絞肉。牛肉裡加了豬肉，口感更鮮甜。牛肉和豬肉比例不同，口感也會有所差異。建議的比例是牛肉 3：豬肉 7 。

適合這道料理的其他配菜！

107 涼拌捲心菜（P161）
108 馬鈴薯沙拉（P162）

事前準備

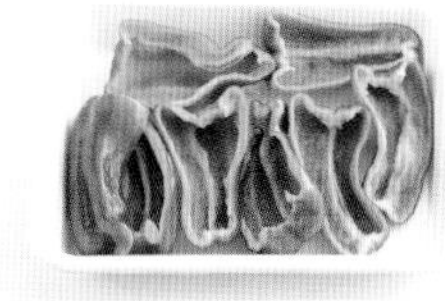

青椒對半切，切掉蒂頭、去籽。

洋蔥切末，A 拌好備用。

平底鍋（大）

1 製作肉餡

A、洋蔥放進大碗裡，拌勻，分成 8 等分。

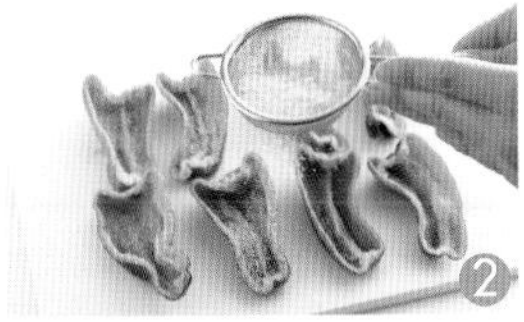

2 青椒內側篩麵粉

使用茶濾等器具，於青椒內側篩麵粉，多了這個步驟，稍後煎的時候，肉餡才不會分離。

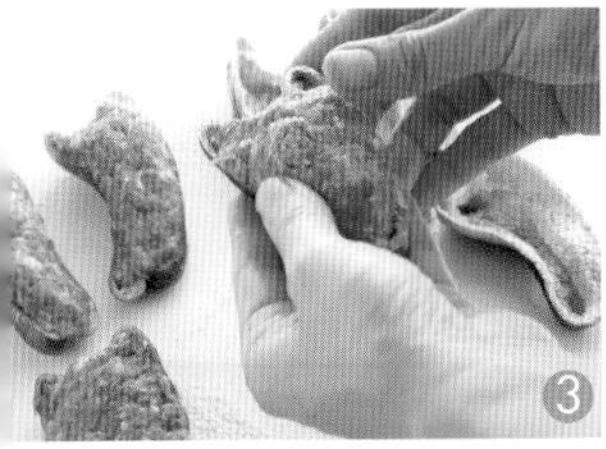

3 將肉餡塞進青椒裡

肉餡煎過後會縮小，所以中間的肉餡要多一點。

4 肉餡那一側朝下，放進鍋裡煎

倒沙拉油於平底鍋，加熱，肉餡朝下，將青椒擺好，開始煎。

1～2分

5 翻面，燜煎

煎至金黃色，翻面，轉小火、蓋上鍋蓋，加入 ¼ 杯的水（分量外），燜煎。使用竹籤刺，流出透明肉汁表示裡面也煎熟了。

5～6分

6 製作醬汁

取出青椒，盛盤，平底鍋的肉汁不要倒掉，再加入番茄醬，以中火加熱，淋醬汁。

30秒～1分

先醃過再油炸 31

炸雞塊

主菜

材料（2人份）

雞腿肉…………1片（200g）
薑…………½塊
A［醬油…………1大匙
　 酒…………1大匙
太白粉…………適量
炸油…………適量
萵苣…………4片
小番茄…………6個

適合這道料理的其他配菜！

104 海藻寒天沙拉（P160）

107 涼拌捲心菜（P161）

check
炸油溫度

炸雞塊或炸豬排時，以170～180度油炸，整片肉都會炸熟，而且非常酥脆，顏色也很漂亮。最近有可以設定溫度的瓦斯爐或炸物專用溫度計，如果家裡沒有這些器具，就丟麵包粉來測量油溫。麵包粉如果中途沉下又浮起，溫度是170～180度。整個往下沉再浮起，油溫略低（約150度），沒有下沉表示溫度過高（約200度）。炸過肉或魚的油有臭味，應趁熱使用市售溶劑（14頁）處理。

事前準備

薑磨泥，薑汁與 A 拌在一起（綜合調味料）。

使用綜合調味料醃已經切成一口大小的雞肉，醃 10 分鐘。

萵苣和小番茄洗好，備用。

平底鍋（小）

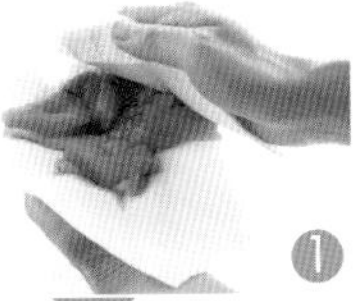

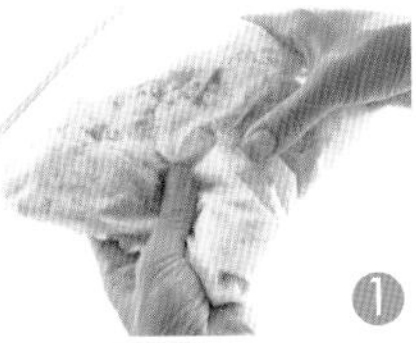

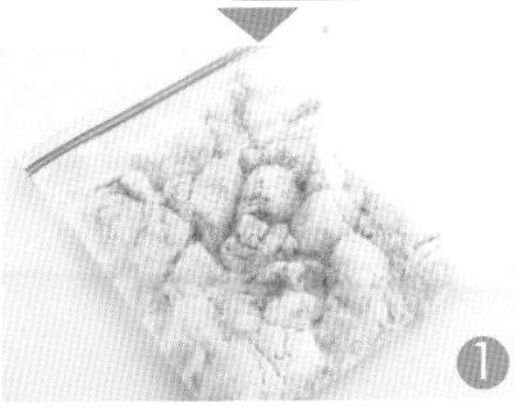

小心油，不要燙傷 ▲

完成的標準狀態 ▲

1 雞肉裹太白粉

太白粉放進塑膠袋裡，再放進用廚房紙巾擦乾水分的雞肉，讓雞肉整個裹上太白粉。

2 炸油加熱，放入雞肉

油溫升高至 170～180 度左右，放入拍掉多餘太白粉的①。

3～4分

3 雞肉整個炸熟

用調理筷上下翻動，讓雞肉內部充份加熱。炸成金黃色，用調理筷刺，能夠刺穿表示炸好了。

3～5分

4 盛盤

炸好的雞塊夾到鋪了紙巾的盤子上，瀝乾油後再另外盛盤，擺上萵苣和小番茄。

Point!

一次炸的數量不宜多，油面可蓋過食材即可。一次放進太多雞塊，油溫會下降。一次炸 3～4 塊為宜。

冷凍後再炸更輕鬆

32

可樂餅

主菜

材料（2人份）

馬鈴薯	3個（400g）
牛肉絞肉	100g
洋蔥	½個（100g）
沙拉油	1大匙
鹽．胡椒	各少許
炸衣 麵粉	適量
炸衣 蛋液	適量
炸衣 麵包粉	適量
炸油	適量
紅萵苣	2片
蠔油醬	1大匙

check

紅萵苣

紅萵苣不是結球（圓葉）萵苣的品種。其綠色比一般萵苣還深綠，葉尖是紫色，富含β胡蘿蔔素、維生素C等維生素。具有提升免疫力效果的β胡蘿蔔素含量是一般萵苣的8倍以上。

適合這道料理的其他配菜！

23 義式蔬菜湯（P66）

105 普羅旺斯燉菜（P160）

事前準備

洋蔥切末。

準備炸衣。

一片紅萵苣撕成2～3片。

鍋子 ▶ 平底鍋（小）

1 汆燙馬鈴薯，再壓碎

馬鈴薯連皮和水一起放進鍋裡，水量要蓋過食材，汆燙。沸騰後，轉小火再煮15～20分鐘，竹籤刺得過去表示煮軟了，置於漏勺上。瀝去水分後，剝皮，放進大碗裡，用擀麵棍壓碎。

15～20分

2 炒洋蔥和豬肉

鍋子倒油，加熱，洋蔥炒軟，加入絞肉，炒至變色，熄火，冷卻。

3～5分

3 馬鈴薯和餡料拌在一起，塑型

②放進①裡，再放進鹽、胡椒，用木勺拌勻，分成4等分，塑型。

4 製作炸衣

③依序沾麵粉、蛋液、麵包粉。

5 油炸

油溫升高至180～190度後，放入④，炸2～3分鐘，變成金黃色後取出，瀝油。

2～3分

完成的標準狀態 ▲

想炸出酥脆感

33

炸豬排

主菜

材料（2人份）

豬肉（炸豬排專用）……2片（300g）
鹽・胡椒……各少許
炸衣
麵粉……適量
蛋液……適量
麵包粉……適量
炸油……適量
高麗菜……2片（100g）
豬排沾醬……適量

適合這道料理的其他配菜！

66 涼拌菠菜（P136）
109 番茄沙拉（P162）

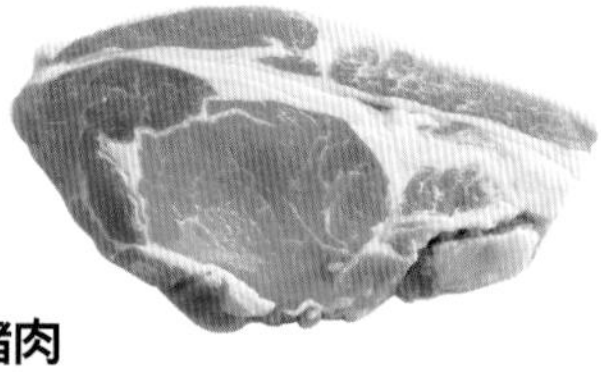

check

炸豬排用的豬肉

超市有賣「炸豬排」專用的豬肉，採取袋裝包裝。里肌肉、梅花肉、腿肉都適合（照片中的是里肌肉）。肉直接加熱，肉會捲縮，在準備作業時，先將位於瘦肥肉交界處的肉筋切斷。

事前準備

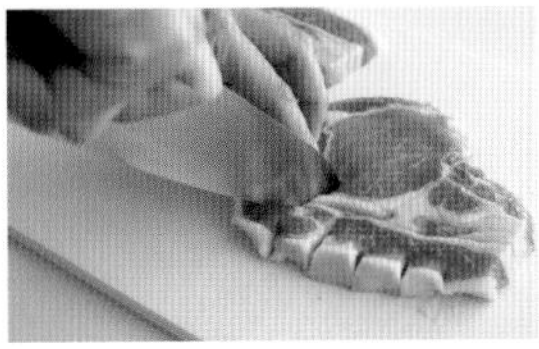

豬肉去筋，撒鹽、胡椒。肥肉部分有筋，去筋的時候連肥肉部分也一起切掉。

準備炸衣。

高麗菜切絲。

平底鍋（小）

1 **豬肉裹炸衣**

準備好的豬肉依序沾麵粉、蛋液、麵包粉（炸衣作法參考 85 頁）。

2 **炸油加熱，放入豬肉**

油溫升高至 170 ～ 180 度後，加入①。一片一片炸，才能炸得漂亮。

2～3分

3 **整片豬肉都要受熱**

不斷翻面，炸至呈現濃郁的金黃色，再轉小火繼續炸，讓肉片完全受熱。

約5分

4 **盛盤**

炸好後，取出擺在鋪了廚房紙巾的盤子裡，瀝油後，再放到砧板切成適當大小，盛盤，擺上高麗菜絲，淋沾醬。

融化的起司香味撲鼻

34

焗烤通心粉

主菜

材料（2人份）

通心粉（乾燥）	60g
鹽	適量
青花椰菜	½ 個（120g）
雞腿肉	1 片（200g）
蘑菇	6 個（90g）
洋蔥	½ 個（100g）
奶油	1 大匙
麵粉	2 大匙
牛奶	1 杯
高湯粉	1 小匙
披薩用起司	50g

適合這道料理的其他配菜！

107 涼拌捲心菜（P161）

111 糖漬紅蘿蔔（P163）

check

蘑菇

圓圓胖胖的菇類。蘑菇有白色蘑菇和褐色蘑菇 2 種，選擇任何一種都行。切好後與空氣接觸的部分會變色，最好在烹調前再切。

事前準備

雞腿肉切成一口大小。

洋蔥切薄片，青花椰菜切成小朵狀，蘑菇切成 4 等分。

單柄鍋 ▶ 烤箱

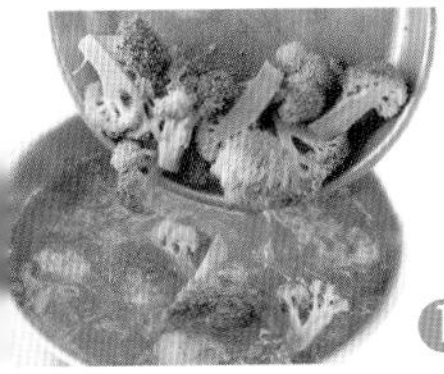

①

青花椰菜和通心粉一起汆燙 ▲

1 汆燙通心粉和青花椰菜

依照說明的時間

商品不同，通心粉的汆燙時間也會有所差異，請依照商品說明汆燙。汆燙時間剩下 1 分半的時候，加入青花椰菜一起汆燙。

②

2 炒雞肉和洋蔥

3～5分

將奶油放入鍋中，加熱，雞腿肉的皮面朝下，放進鍋裡，煎至金黃色，加入洋蔥一起炒。

③

3 加入牛奶、燉煮

3～5分

洋蔥炒軟後，加入蘑菇拌炒，撒麵粉，小心別煮焦，要一直攪拌，再加入牛奶和高湯粉一起煮。

③

煮出黏稠感的狀態 ▲

4 撒起司，放進烤箱烤

230～250度

5～10分

煮出黏稠感後，加入①，拌勻，再移裝至耐熱器皿中，撒上起司，放進烤箱（或烤爐）烤。

④

加了紅酒美味更升級

35

紅酒燉牛肉

主菜

材料（2人份）

牛肉（咖哩用·燉煮用）……150g
鹽·胡椒……各少許
馬鈴薯……1個（150g）
紅蘿蔔……½根（100g）
洋蔥……½個（100g）
A 水……2杯
A 紅酒……¼杯
A 番茄醬……1大匙
A 月桂葉……1片
牛肉燴醬（市售）……145g
沙拉油……1大匙
鹽·胡椒……各少許

適合這道料理的其他配菜！

84 綠豌豆飯（P148）

107 涼拌捲心菜（P161）

check

牛肉燴醬

西式料理的基本醬汁之一。顏色呈褐色，口味濃郁。自製非常費工，可購買市售商品。市售商品是小包裝，使用方便。

事前準備

牛肉切成一口大小，撒鹽和胡椒。

紅蘿蔔任意切塊，洋蔥切成月牙形。

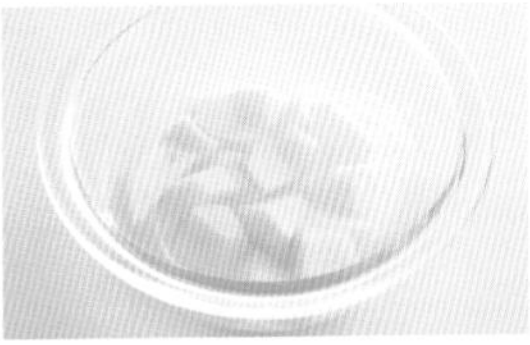

馬鈴薯切成一口大小，泡水（預防煮的時候碎開）。

雙柄鍋

①

1 炒牛肉、洋蔥、紅蘿蔔

將沙拉油倒入鍋中加熱，牛肉表面炒至金黃色。等肉變色後，加入洋蔥、紅蘿蔔一起拌炒。

3～5分

②

2 加A，一起燉煮

A加入①裡，大火煮滾後，轉小火，撈掉浮沫，蓋上鍋蓋，再煮約10分鐘。

約5分 ▶ 約10分

③

3 加入牛肉燴醬和馬鈴薯

加入牛肉燴醬和馬鈴薯，拌一下，蓋上鍋蓋，以小火再煮20分鐘。

20分

4 調味

最後加鹽、胡椒調味。

③

完成的標準狀態 ▲

Point!

紅酒建議購買價位在1000～2000日圓的商品，澀味和酸味比較不那麼濃郁。若有剩下的話，可佐餐飲用。

加入香味蔬菜

36

豬肉咖哩飯

主食 主菜

材料（2人份）

豬肉（咖哩專用・燉煮專用）……150g
鹽・胡椒……各少許
馬鈴薯……1個（150g）
紅蘿蔔……½根（100g）
洋蔥……½個（100g）
薑……½塊
蒜頭……1個
水……2½杯
咖哩塊……2人份（約40g）
沙拉油……1大匙
飯……2人份（約400g）

適合這道料理的其他配菜！

21 水煮蛋（P62）

109 番茄沙拉（P162）

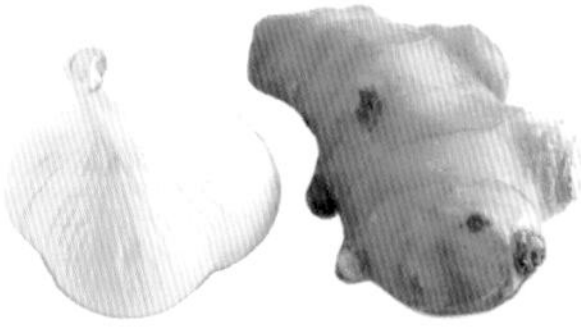

check
香味蔬菜

蒜頭、薑等會散發香氣的蔬菜，統一稱為香味蔬菜（參考181頁）。只要在料理時加入少許香味蔬菜，就能讓美味更升級。除了咖哩，其他許多料理都可以多加使用。

事前準備

豬肉切成一口大小，撒鹽和胡椒。

馬鈴薯切成一口大小，泡水。紅蘿蔔任意切成塊狀，洋蔥切成月牙形。

薑和蒜頭切末。

雙柄鍋

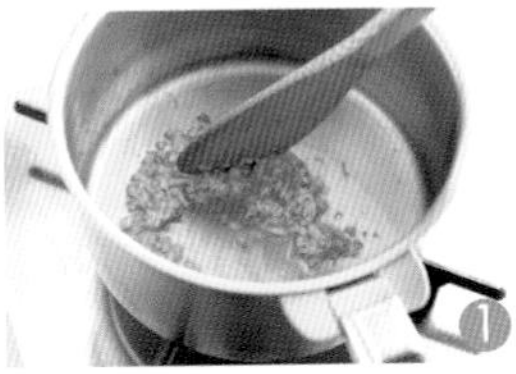

1 炒香蒜頭和薑

將沙拉油倒入平底鍋加熱，炒香蒜末和薑末。注意火候，別炒焦。

約1分

2 炒肉和蔬菜

蒜末和薑末炒出香味後，加入肉一起炒，等肉變色後，再加入馬鈴薯、紅蘿蔔、洋蔥，一起拌炒。

3～5分

撈浮沫 ▲

3 加水、燉煮

所有食材過油、加熱後，加水，一邊煮一邊撈浮沫。中途撈勺要泡水，才能將浮沫撈乾淨。

10～15分

4 加入咖哩塊

蔬菜變軟後，關火，加入咖哩塊，一邊攪拌一邊溶解，再開火煮約 5 分鐘。

約5分

完成的標準狀態 ▲

5 盛盤

煮出濃稠感後，在盤中盛飯，淋④。

鬆軟有彈性又香醇

37

歐姆蛋

主食 主菜

材料（2人份）

飯……2杯份（約400g）
雞腿肉……½片（100g）
鹽・胡椒……少許
洋蔥……¼個（50g）
蘑菇……2～4個（50g）
綠豌豆（冷凍）……2大匙
奶油……1大匙
番茄醬……2大匙
鹽・胡椒……少許

歐姆蛋
- 蛋……4個
- 牛奶……2大匙
- 鹽・胡椒……各少許
- 奶油……1大匙

巴西里……適量
小番茄……6個
番茄醬……適量

適合這道料理的其他配菜！

114 玉米濃湯（P165）
121 埃及國王菜湯（P168）

check

柔滑鬆香歐姆蛋

烹調重點在於半熟的歐姆蛋。如果能煎到這樣的程度，蛋的口感會非常柔滑鬆香。可依個人喜好控制火候，但是柔滑度會有所差異。

事前準備

雞肉切成 2 ～ 3cm 的條狀，撒鹽和胡椒，醃一下。

蘑菇切成薄片，洋蔥切末。

巴西里和小番茄洗淨備用。

平底鍋（大）

1 炒雞肉和洋蔥、蘑菇

奶油放進鍋裡加熱，炒洋蔥。洋蔥變透明後，加入雞肉，等雞肉變色後，加入蘑菇，一起拌炒。

3～5分

2 加入飯，一起拌炒

綠豌豆、飯加入①裡，一起拌炒，再加入番茄醬、鹽、胡椒調味，盛盤。

1～2分

3 製作蛋液

打蛋，加入牛奶、鹽、胡椒，製作蛋液。平底鍋洗乾淨，加熱，放入一半分量的奶油，融化後，倒入一半分量的蛋液。

4 煎半熟的歐姆蛋

用調理筷攪拌，將蛋液推壓到一側，再整個翻面，煎出半熟的歐姆蛋。

1～2分

5 盛盤

將④擺在②上，放上巴西里和小番茄。準備開動前，用刀子從正中央切開後左右攤開，淋上番茄醬。重複③～⑤的步驟，再做另一份歐姆蛋。

馬上就能上菜 38

鮮蔬牛肉焗飯

主食 主菜

材料（2人份）

飯………2人份（約300g）
牛絞肉………150g
洋蔥………½個（100g）
茄子………1根（80g）
奶油………1大匙
A ┌水煮番茄（整顆・罐頭）………½罐（200g）
　│高湯粉………½小匙
　└番茄醬………1大匙
蠔油醬………1大匙
鹽・胡椒………各少許
披薩用起司………50g

適合這道料理的其他配菜！

107 涼拌捲心菜（P161）
114 玉米濃湯（P165）

check
披薩用起司

只要是能融化的起司都可以。除了切成條狀的產品，還有片狀的商品。分量和口味也不同，依個人喜好找出最喜歡的種類。

事前準備

洋蔥切末。

茄子切成半月形，泡水。

平底鍋 ▶ 烤爐（烤箱）

茄子變軟後，再加入番茄 ▲

1 炒肉和蔬菜

3～5分

奶油放進鍋裡加熱，炒洋蔥。洋蔥炒軟後，加入牛絞肉，等肉變色後，加入瀝去水分的茄子，一起拌炒。

2 加入 A，燉煮

5～8分

A 加進①裡，用木勺將番茄壓碎。一直煮到湯汁幾乎收乾，再加蠔油醬、鹽、胡椒調味。

3 用耐熱器皿盛盤

將飯鋪在耐熱器皿上，淋上②，撒上滿滿的披薩用起司。

4 焗烤

230～250度
5～10分

將③放進烤箱裡，烤 5 ～ 10 分鐘，烤至出現焦黃色。如果是麵包專用小烤箱，時間約為 10 分鐘。

輕鬆就能烹調美味義大利菜 39

起司燉飯

主食

材料（2人份）

米……1合
洋蔥……⅛個（25g）
鴻喜菇……¼袋
杏鮑菇……1根
蘑菇（鮮蘑菇）……2～4個（50g）
奶油……2大匙
月桂葉……1片
A 熱開水……2½杯
A 高湯粉……1小匙
鮮奶油……¼杯
起司粉……40g
巴西里……適量

適合這道料理的其他配菜！

23 義式蔬菜湯（P66）
105 普羅旺斯燉菜（P160）

check

燉飯

義大利料理代表菜色。用奶油或油炒米後，再加入高湯或肉骨湯一起燉煮。口感跟日本的燴飯或粥品不同，米芯不是完全煮熟，煮出彈牙口感是重點。

事前準備

米不用洗，直接使用。不喜歡米糠味的人，可以使用免洗米。

洋蔥和巴西里切末。

鴻喜菇切掉根部，撕開。杏鮑菇切成長方形片狀，蘑菇切成薄片。

熱開水溶解高湯粉，備用（A）。

平底鍋（大）

加入鮮奶油和起司粉的樣子▲

1 炒洋蔥

將奶油放進鍋中加熱融化，洋蔥炒到變透明後，轉中火繼續炒。

2～3分

2 炒蕈菇和米

放入鴻喜菇、杏鮑菇、蘑菇、米，一直炒到米呈現半透明狀。

約5分

3 加入A，燉煮

將月桂葉、部分A（1½杯）加入②裡，以小火煮約20分鐘。水分變少後，再少量分次加入剩下的A，繼續燉煮。

1～2分 ▶ 20分

4 加入鮮奶油和起司粉

米煮軟後，加入鮮奶油和起司粉，拌勻。

1～2分

5 盛盤

④盛盤，撒巴西里末。

胡椒有加分效果 40

培根蛋奶麵

主食 主菜

材料(2人份)

寬麵(乾燥)……150g
鹽……適量
培根(塊狀)……80g
蛋……2個
A 起司粉……2大匙
A 鮮奶油……2大匙
A 粗粒胡椒……少許
A 豆蔻……少許
橄欖油……1大匙
粗粒胡椒……少許

適合這道料理的其他配菜!

105 普羅旺斯燉菜(P160)

109 番茄沙拉(P162)

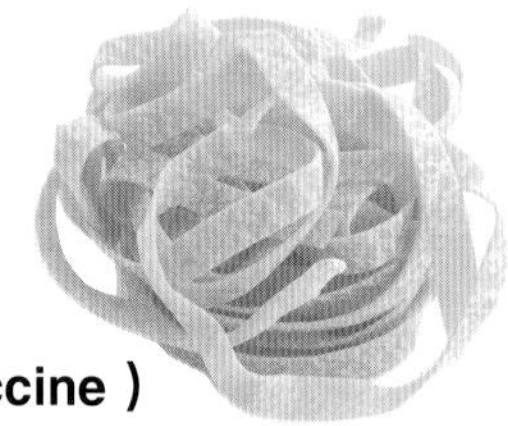

check

寬麵(Fettuccine)

義大利麵種類之一。外型全寬板狀。這種麵條很容易與醬汁融在一起，非常適合拿來作培根蛋奶麵。如果買不到，使用一般的義大利麵也行(分量一樣)。

事前準備

培根切成條狀。如果可以的話，買塊狀包裝的培根口感比較好。買不到的話，一般的培根片也可以。

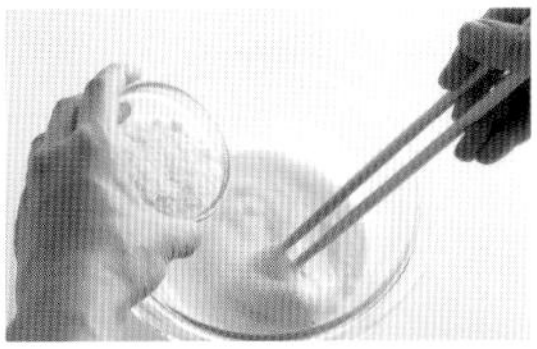

打蛋，加入 A，拌勻，準備蛋液，備用。

雙柄鍋 ▶ 平底鍋

1 煮寬麵

寬麵的商品種類不同，水煮的時間也會有所差異，請依指示做。

產品說明指示的時間

2 炒培根

將橄欖油倒入平底鍋中，加熱，炒香培根，炒到酥脆為止。

1～2分

3 加入寬麵

加入煮好、瀝去水分的寬麵，攪拌均勻。

約30秒

4 加入蛋液

關火，加入蛋液，用調理筷快速攪拌。利用餘熱讓蛋液變得有濃稠感。如果省略這個步驟，蛋液會結塊（變硬）。

④

利用餘熱，將蛋液煮至半熟 ▲

5 盛盤

④盛盤，撒上粗粒胡椒。

成為廚藝高手必學訣竅 | 之⑥

煮麵高手訣竅

每種商品水煮的時間和水量會有所差異，但一定要用大量的水煮麵條。煮的時候應不時地攪拌。本單元介紹義大利麵和中華麵的煮法。

中華麵（生麵）的煮法

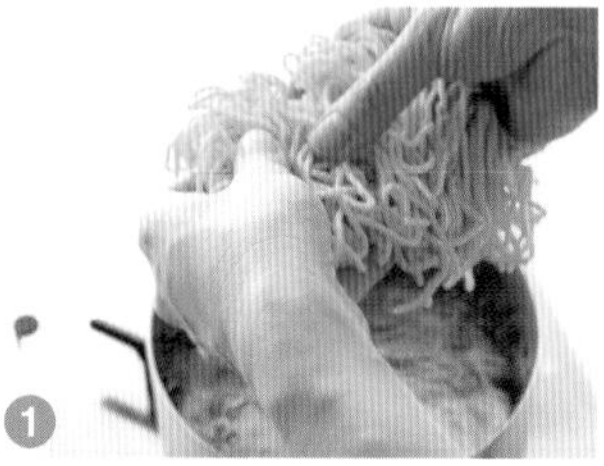

1 一邊剝開麵條，一邊放進滾燙的熱水裡。

2 煮的時候應不時用調理筷攪動，依建議的時間煮好。

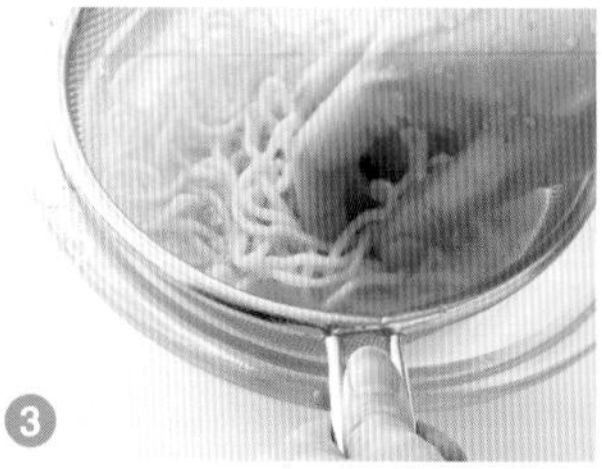

3 熱食的話，將麵條的水分瀝乾，放進湯裡。吃冷麵的話，應先沖冷水，洗淨黏液。

義大利麵（乾麵）的煮法

1 準備雙柄鍋，加鹽和大量的熱水（2人份就是2公升的水和20公克的鹽）。鹽量稍微多一點或少一點皆可。

2 麵條不要疊在一起，呈放射狀放進鍋子裡。等下面部分變軟後，稍微攪拌讓上半部也沉進熱水裡。

3 為了不讓麵條黏在一起，煮的時候應不時用調理筷攪動，依建議的時間煮好。

專欄

乾麵與生麵的差異！

麵類有乾燥後能長期保存的「乾麵」、未經加工保存期只有1至2週，但味道和口感都較好的「生麵」，以及具有乾麵的保存性、又擁有生麵口感的「半生麵」等3種。

雖說種類不同，就有所差異，但是義大利麵（乾麵）開封後，在賞味期限（2至3年）到期前，都可以常溫保存。生麵或半乾麵開封後，必須當天吃完。如果有剩下，可以冷凍保存。

名聞全球

Step3

亞洲異國料理

配色鄉當迷人 41

三色拌菜

副菜

材料（2人分）

黃豆芽……100g
韭菜……100g
紅蘿蔔……50g
香油……½ 小匙

綜合調味料
- 鹽……½ 小匙
- 雞骨高湯粉……½ 小匙
- 芝麻粉……4 大匙
- 香油……1 大匙

適合這道料理的其他配菜！

52 豬肉角煮（P127）
55 清蒸雞肉（P129）

check

拌菜

拌菜是韓國家常菜之一。係指將蔬菜汆燙或炒過、蒸過，再用調味料拌的料理。除了菠菜、白蘿蔔、高麗菜、小松菜，各種蔬菜都可以做成拌菜。韓國人認為，從拌菜的口味就能知道一個人的廚藝如何。

事前準備

黃豆芽拔掉鬚根，汆燙後置於網勺，瀝乾水分。

為了不讓韭菜散開，用棉繩捆住根部，汆燙後擰掉水分，切成長 3cm 的段狀。可用汆燙黃豆芽的水燙。

紅蘿蔔切絲。

平底鍋

1 **炒紅蘿蔔**

將香油倒入平底鍋加熱，炒紅蘿蔔。

1～2分

2 **攪拌綜合調味料**

將所有綜合調味料的材料倒在大碗裡，拌勻。

使用不同的大碗拌蔬菜 ▲

3 **3 種蔬菜分開拌調味料**

各自使用不同的大碗，各自倒入⅓分量的調味料，將黃豆芽、韭菜、紅蘿蔔拌勻調味。

Point!

這道料理的保存期為 2～3 天，可以一次做多一點，放冰箱保存。哪一餐菜色不足時，就能派上用場。如果再加點長蔥末或蒜末，口味更棒。

自己動手做醬料 42

棒棒雞

副菜

材料（2人份）

雞胸肉…………1片（100g）
鹽・胡椒…………少許
酒…………2小匙
長蔥（蔥綠部分）…………適量
薑（薄片）…………適量
小黃瓜…………1根（100g）
番茄…………1個（150g）

醬料
酸橘醋醬油…………1大匙
芝麻醬…………½大匙
豆瓣醬…………少許

蒸汁…………2大匙

check

豆瓣醬

日文漢字的寫法是「豆板醬」，此為中國菜，尤其是辛辣四川菜的必備調味料。製作麻婆豆腐或乾燒蝦仁時，也會用到豆瓣醬。豆瓣醬是黃豆味噌加上辣椒，一起發酵的食品，辣度會因廠商不同而有所差異。

適合這道料理的其他配菜！

95 韓式煎餅（P154）
100 味噌炒茄子（P158）

事前準備

長蔥取蔥綠部分，洗淨。如果有像白粉的東西，那是天然現象，不必洗掉。

薑切成 5 ～ 6 片的薄片。

小黃瓜切成粗絲，番茄切成寬 5mm 的片狀。

微波爐

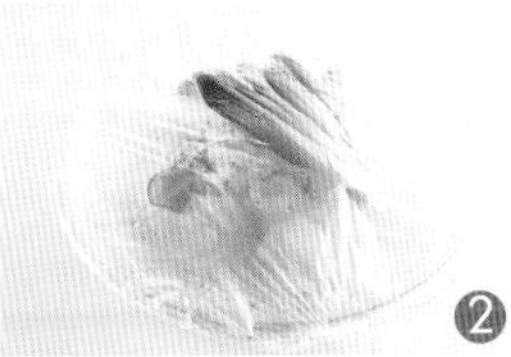

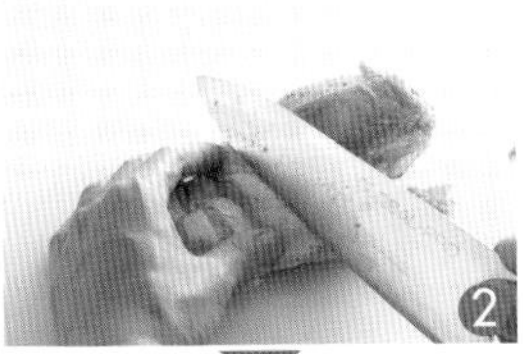

將蒸汁加入醬料裡 ▲

1 將雞肉放進耐熱器皿裡

雞胸肉擺在耐熱器皿上，撒鹽和胡椒，再擺上長蔥和薑，淋上料理用酒，包保鮮膜。

2 用微波爐蒸雞肉

放進微波爐，加熱 7 分鐘，取出，保鮮膜不要打開，利用餘溫悶蒸雞肉。稍微冷卻後，切成肉片。舀出醬料要用的蒸汁（2 大匙），備用。

3 拌醬料

將蒸汁（2 大匙）倒入拌好的醬料裡，拌勻。

4 盛盤

番茄和小黃瓜擺盤，放上②，淋上醬料。

Point!

使用微波爐蒸肉，更加省事輕鬆。跟長蔥和薑一起蒸，除了增添香氣外，還能消除肉的腥臭味。

皮很酥脆內餡很多汁

43 煎餃

主菜

材料（2人份）

高麗菜⋯⋯⋯⋯5片（250g）
韭菜⋯⋯⋯⋯½束（50g）
豬絞肉⋯⋯⋯⋯100g
A 香油⋯⋯⋯⋯½小匙
A 醬油⋯⋯⋯⋯½小匙
A 酒⋯⋯⋯⋯2小匙
A 鹽・胡椒⋯⋯⋯⋯少許
水餃皮⋯⋯⋯⋯1袋（約24片）
太白粉⋯⋯⋯⋯適量
沙拉油⋯⋯⋯⋯½大匙
香油⋯⋯⋯⋯2大匙
醬油・醋・辣油⋯⋯⋯⋯各適量

適合這道料理的其他配菜！

74 日式蛋花湯（P141）
120 中式蛤蜊湯（P168）

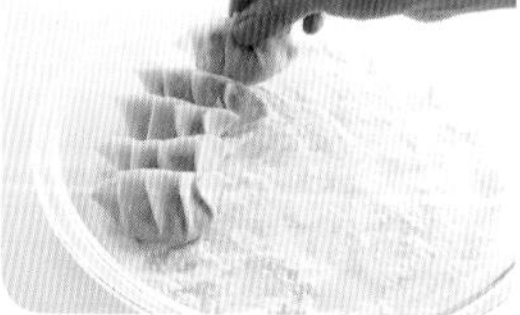

包餃子時，容器底部最好鋪太白粉，可預防餃子黏在容器上，煎的時候皮也會比較酥脆。

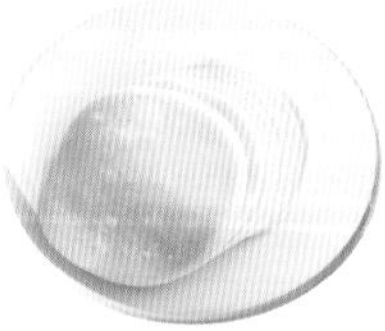

check
水餃皮

選購市售水餃皮時，應留意尺寸大小。太大的話，怕餡料不夠。這道料理請使用直徑8～9cm的水餃皮。

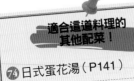

事前準備

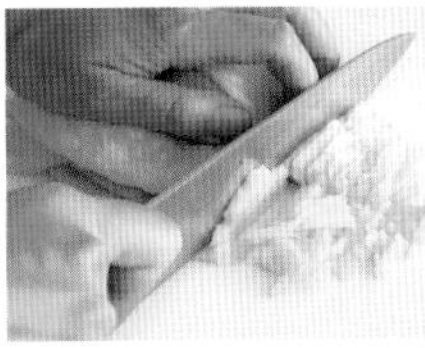
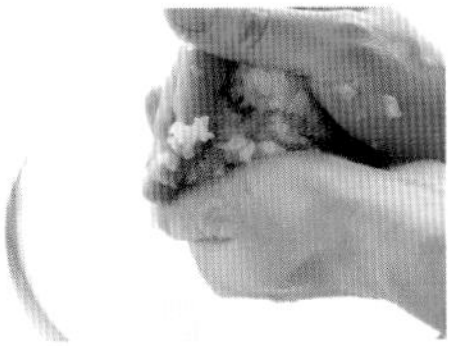

高麗菜汆燙後，切碎，擰乾。

韭菜切碎。

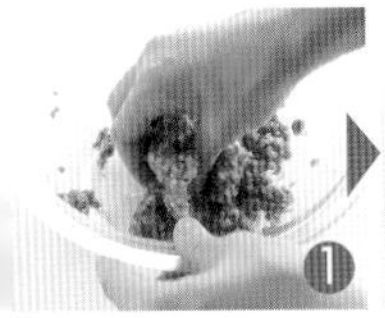

平底鍋（大）

1 使用大碗製作肉餡

豬肉、高麗菜、韭菜、A 放進大碗裡，一直攪拌到有黏稠感。將肉餡分成 8 等分，每等分再分成3等分，總計分成24個等分。

2 包餃子

將①放在水餃皮上，水餃皮周邊沾水，一邊抓褶，一邊包餃子。包好的餃子整齊排列在鋪了太白粉的盤子上。

3 燜煎②的餃子

將沙拉油倒入平底鍋中，加熱，將②排好，煎至焦黃色。過了大約 1 分鐘後，注入餃子⅓高度的熱開水（分量外），蓋上鍋蓋，以中火燜煎 3 ～ 5 分鐘。

約1分 ▶ 3～5分

4 淋香油

等水蒸發完了，打開鍋蓋，從上往下淋香油，每個餃子都要淋到，才能煎出香脆口感。

1～2分

5 佐以醬料

醬油、醋、辣油拌成醬料，食用時沾醬更美味。

彈牙口感讓人一口接一口

44

乾燒蝦仁

主菜

材料（2人份）

蝦	中14尾（200g）
酒	½大匙
鹽	少許
長蔥	½根
薑	½塊
蒜頭	1個
綜合調味料：雞骨高湯粉	½小匙
綜合調味料：水	⅓杯
綜合調味料：番茄醬	2大匙
綜合調味料：醋	1小匙
綜合調味料：砂糖	½小匙
綜合調味料：醬油	1小匙
沙拉油	1大匙
豆瓣醬	½小匙
太白粉	½大匙

適合這道料理的其他配菜！

41 三色拌菜（P104）

121 埃及國王菜湯（P168）

check

蝦子的腸泥

蝦子背部有條黑色線狀物，那是蝦子的腸子（內臟）。蝦腸口感差，又會釋放苦味，調理前最好剔除。從背部劃一刀，再用刀尖挑出。如果是去蝦頭的冷凍蝦，腸泥已經先剔除（沒有黑線），不需要另外處理。

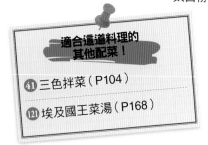

事前準備

蝦子剝殼、除腸泥，淋上酒和鹽。

長蔥、薑、蒜頭切末。

以等量的水溶解太白粉。

平底鍋

①

1 炒香味蔬菜

將沙拉油倒入平底鍋中，放入薑末、蒜末炒香，炒出香味後，再加入長蔥末和豆瓣醬，一起拌炒。

1～2分

2 炒蝦子

加入處理好的蝦子，一起拌炒。過度加熱的話，蝦肉會變硬，請加快動作。

1～2分

③

3 加入調合調味料

蝦子變色後，加入拌好的調味料，熬煮。

1～2分

④

4 加入太白粉水，勾芡

淋上太白粉水，勾芡。加入太白粉水前，還要再一次攪拌食材，否則會結塊。

10～20秒

④

完成的標準狀態 ▲

使用現有調味料即可完成 45

糖醋肉

主菜

材料（2人份）

五花肉（塊狀）……100g
A
酒……½大匙
醬油……½大匙
太白粉……2大匙
竹筍（水煮）……100g
紅蘿蔔……½根（90g）
青椒……1個（30g）
洋蔥……½個（100g）

綜合調味料
雞骨高湯粉……⅓小匙
水……½杯
醋……1大匙
砂糖……1大匙
醬油……1½大匙
太白粉……½大匙
沙拉油……1大匙
炸油……適量

適合這道料理的其他配菜！

120 中式蛤蜊湯（P168）
121 埃及國王菜湯（P168）

check
竹筍

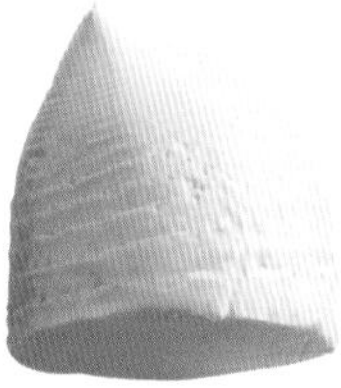

新鮮竹筍的產季僅限於春天，是一項很有季節感的食材。新鮮竹筍要先汆燙，才能使用，非常費工。怕麻煩的話，可以使用市售的水煮竹筍。

事前準備

五花肉切成一口大小，用 A 醃漬。

竹筍、紅蘿蔔、青椒任意切塊，洋蔥對半切，再切成月牙形。

用廚房紙巾擦乾蔬菜。

平底鍋（小→大）

完成的標準狀態▲

1 炸洋蔥、竹筍、青椒

使用小平底鍋熱油，溫度到達 150～160 度後，放入洋蔥、竹筍、青椒油炸，時間約 1～2 分鐘，再瀝油。

1～2分

2 炸紅蘿蔔

作法跟①一樣，油炸紅蘿蔔 2～3 分鐘，再瀝油。

4～5分

3 炸豬肉

用溫度 170～180 度的油炸豬肉，瀝油。

3～5分

4 加熱綜合調味料

將綜合調味料倒進大的平底鍋裡，稍微加熱。調味料加熱前沒有拌勻的話，很容易結塊。

30秒～1分

5 加入豬肉和蔬菜

將炸過的豬肉和蔬菜加入④中，仔細攪拌，讓所有食材都沾附到調味料。

約1分

自行調整辣度

46 麻婆豆腐

主菜

材料（2人份）

木棉豆腐	1塊（300g）	
豬絞肉	100g	
長蔥	¼根（25g）	
薑	½塊	
韭菜	¼束（25g）	
沙拉油	½大匙	
豆瓣醬	½小匙	
豆豉	½小匙	
綜合調味料	雞骨高湯粉	1把
綜合調味料	水	½杯
綜合調味料	蠔油醬	1大匙
綜合調味料	甜麵醬	½大匙
綜合調味料	醬油	½大匙
綜合調味料	酒	2大匙
綜合調味料	砂糖	½大匙
太白粉	1小匙	

*可依個人喜好，再撒點山椒粉。

適合這道料理的其他配菜！

99 紅蘿蔔絲炒蛋（P157）
118 拌三絲（P167）

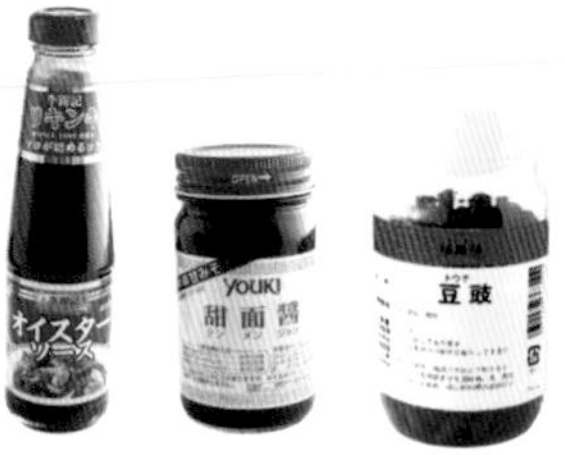

check

中式調味料

讓料理散發獨特口感和香氣的豆豉、口感像甜味噌，回鍋肉必備的甜麵醬、濃縮牡蠣鮮甜滋味的蠔油醬等，都是中華料理的必備調味料。

事前準備

豆腐切大塊，用滾燙的水汆燙 1～2 分鐘，置於網勺上，瀝去水分。

長蔥、薑切末，韭菜切粗末。

豆豉任意切碎，綜合調味料拌好備用（A）。豆瓣醬另外盛裝，備用。愛吃辣的人，豆瓣醬分量可以多一點。

以同等分量的水溶解太白粉，備用（加入前要再攪拌一下）。

平底鍋（大）

絞肉炒散 ▲

1 炒絞肉

將沙拉油倒入平底鍋加熱，炒薑末和蔥末，炒出香氣後，再加入絞肉，肉要炒散。

2～3分

2 加入調味料

加入豆瓣醬，一起拌炒，再加入準備好的 A，拌炒均勻。

1～2分

3 加入豆腐

將備好的豆腐加入②裡，燉煮。輕輕攪拌，別把豆腐攪碎了。

1～2分

完成的標準狀態 ▲

4 加入太白粉水

淋太白粉水，勾芡，加入韭菜，再煮滾一次。加入太白粉水前，如果沒有拌勻，會出現結塊的狀況。

30秒～1分

消暑解膩最佳選擇 47

沖繩風炒苦瓜

主菜

材料(2人份)

山苦瓜⋯⋯⋯⋯ ½ 根(100g)
甜椒(紅色)⋯⋯ ⅛個(15g)
油豆腐⋯⋯⋯⋯ 1片(200g)
鹽⋯⋯⋯⋯⋯⋯⋯⋯⋯少許
沙拉油⋯⋯⋯⋯⋯⋯1大匙
酒⋯⋯⋯⋯⋯⋯⋯⋯½ 大匙
醬油⋯⋯⋯⋯⋯⋯⋯½ 小匙
柴魚片⋯⋯⋯⋯⋯⋯⋯適量

適合這道料理的其他配菜！

74 日式蛋花湯(P141)

119 餛飩湯(P167)

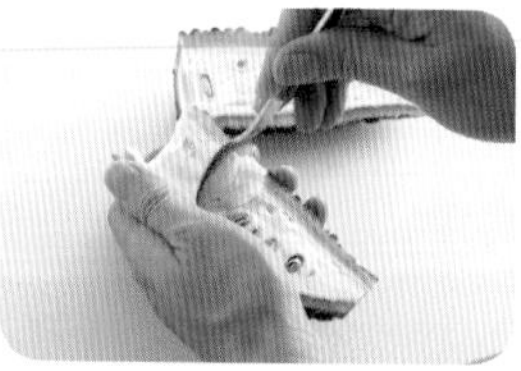

check
山苦瓜

山苦瓜雖然很苦，但富含維生素C、β胡蘿蔔素等優質營養成分，是非常受歡迎的食材。山苦瓜盛產期是酷熱的夏天，其他時候很難看到它的蹤影。切成薄片後泡鹽水，可以降低苦味。內側的白膜很苦，不要吃，請用湯匙挖掉。苦瓜煮好後可以切成薄片，搓鹽後冷凍保存，需要的時候就很方便。

事前準備

山苦瓜對半切，去除白膜，切成薄片，泡鹽水 5 分鐘。

甜椒去籽，橫向切成薄片。

油豆腐切成厚度 1cm 的一口大小。

平底鍋（大）

1 煎油豆腐

將一半分量的沙拉油倒入平底鍋加熱，油豆腐兩面煎成焦黃色，撒鹽，先取出備用。

1～2分

2 炒苦瓜和甜椒

再倒入剩下的沙拉油加熱，放進苦瓜、甜椒拌炒，食材過油加熱後，撒鹽，再一直炒到變軟。

1～2分

3 再放回油豆腐

將①倒回②中，淋上醬油、酒，讓所有食材入味。

30秒～1分

4 盛盤

盛盤，撒柴魚片，大功告成。

將油豆腐倒入後，加入調味料▲

Point!

油豆腐另外煎，煎出焦黃色更香、更美味。而且油豆腐煎過後會變硬，後續拌炒的時候比較不容易破掉。

偶爾挑戰異國風料理 48

生春捲

主菜

材料（2人份）

- 越南米粉（乾燥）……50g
- 紅萵苣……2片
- 小黃瓜……¼（25g）
- 薄荷葉……5片
- 豆芽菜……30g
- 蝦仁……10尾（90g）
- 酒……2大匙
- 花生……15g
- 生春捲皮（越南米紙）……5片
- 醬料
  - 酸橘醋醬油……1大匙
  - 芝麻醬……½大匙

適合這道料理的其他配菜！

41 三色拌菜（P104）

116 韓式豆腐鍋（P166）

check

米粉

使用米粉製成的纖細麵條。除了春捲外，還可以做成米粉湯、炒米粉，是中國、泰國、越南等亞洲各國常用的食材。乾燥的越南米粉可以在超市的東南亞食材區購得。

事前準備

米粉泡水，變軟。

豆芽菜拔掉鬚根，沖熱開水。

使用加了酒（2大匙）的熱水汆燙蝦仁。

一片紅萵苣撕成3～4片，小黃瓜切絲，花生壓碎，薄荷葉撕碎。

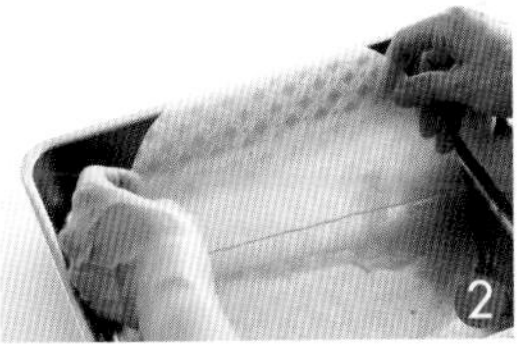

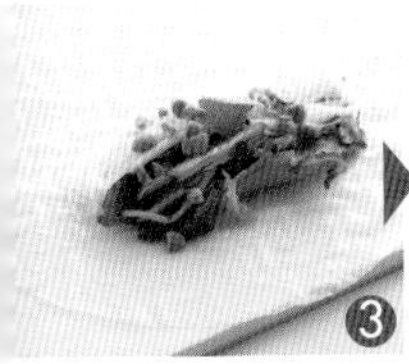

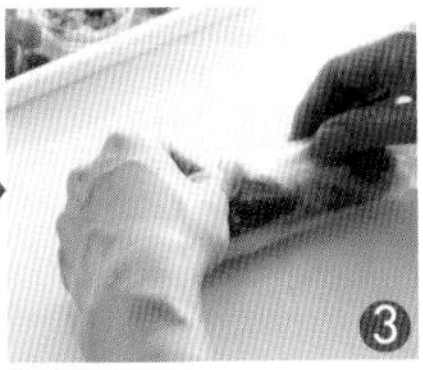

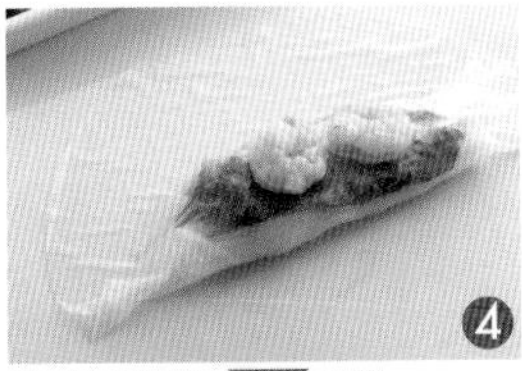

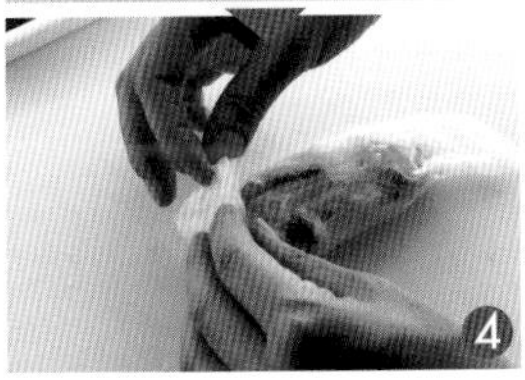

1 將所有材料擺在盤子上

米粉、紅萵苣、小黃瓜、豆芽菜、蝦仁、花生、薄荷葉分別擺在盤子上，方便捲春捲時拿取。

2 生春捲皮泡水

盤子裝水，泡生春捲皮。

3 擺放材料、捲合

②置於砧板上面，依序擺放米粉、豆芽菜、小黃瓜、紅萵苣，再撒上薄荷葉和花生，捲一圈。

4 擺放蝦仁、捲合

將2尾蝦仁擺在③上，一直捲到最後，兩邊往內折。

5 盛盤

將5捲春捲全部捲完，對半切後盛盤，備好醬料。

Point!

醬料換成市售甜辣醬的話，就能享受道地的越式美味。超市可購得越南甜辣醬。

可攝取大量蔬菜又暖呼呼

49

泡菜鍋

主菜

材料(2人份)

豬肉(薄片)……100g
蛤蜊(帶殼)……200g
黃豆芽……100g
高麗菜……¼個(250g)
韭菜……¼束(25g)
白菜泡菜……100g
A 雞骨高湯粉……1小匙
A 水……5杯
醬油……少許

*可以選購已經吐完沙的蛤蜊。

適合這道料理的其他配菜!

71 滷煮南瓜(P139)

118 拌三絲(P167)

check

卡式瓦斯爐

建議將鍋子擺在桌上,邊煮邊吃。如果有卡式瓦斯爐,就可以擺在桌上煮,不怕食材會變涼,隨時都能享受熱呼呼的美味。最後將飯加進剩湯裡,又可享受美味的雜燴粥。最近桌上型IH調理器(插電式)的價位很合理,值得投資。

事前準備

將蛤蜊泡在濃度 3% 的鹽水中 2～3 個小時，擺在暗處，讓蛤蜊吐沙（參考 47 頁）。

黃豆芽拔掉鬚根，韭菜切成長 3cm 段狀。

高麗菜和白菜泡菜任意切塊。

雙柄鍋

1 煮湯

約5分 ▶ 2～3分

將 A 和蛤蜊放入鍋中，煮滾後轉小火，用撈勺撈去浮沫。

2 加入高麗菜、豆芽菜和豬肉

3～5分

浮沫撈淨後，加入黃豆芽、高麗菜，再次煮滾後，豬肉一片片放入，撈去浮沫。

白菜泡菜和韭菜最後才放進去 ▲

3 加入白菜泡菜和韭菜

1～2分

加入白菜泡菜和韭菜，再次煮滾，用醬油調味。

Point!

蔬菜沒用完的話，可先放在盤子上。覺得吃不夠時，再追加蔬菜。也可以依個人喜好，加入豆腐、白菜、蔥、蕈菇等食材。

想讓米粒分明
火候控制很重要

50

炒飯

主食 主菜

材料（2人份）

飯⋯⋯⋯⋯2碗分量（400g）
蛋⋯⋯⋯⋯⋯⋯⋯⋯⋯⋯⋯1個
鹽・胡椒⋯⋯⋯⋯⋯⋯各少許
長蔥⋯⋯⋯⋯⋯⋯⋯⋯⋯¼根
叉燒肉（塊狀）⋯⋯⋯⋯⋯50g
香菇⋯⋯⋯⋯⋯⋯⋯⋯⋯⋯2朵
綠豌豆（冷凍）⋯⋯⋯⋯⋯40g
沙拉油⋯⋯⋯⋯⋯⋯⋯2大匙
醬油⋯⋯⋯⋯⋯⋯⋯⋯⅓小匙

適合這道料理的其他配菜！

92 辣炒芹菜墨魚（P153）

121 埃及國王菜湯（P168）

check

炒飯

炒飯作法各式各樣。飯和蛋先拌在一起，再下鍋炒，蛋汁就會完美地包裹米粒。這個步驟還能讓料理新手輕鬆炒出美味的黃金炒飯。火要大，米粒才會分明又香脆。

事前準備

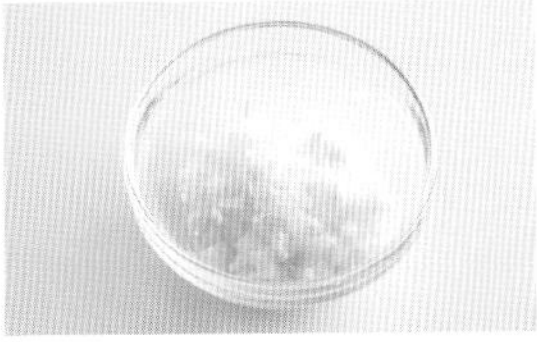

長蔥切末，備用。

叉燒肉切成 1cm 塊狀。

香菇切成 1cm 塊狀，香菇板的部分切成適當大小。

加入綠豌豆的狀態 ▲

平底鍋（大）

1 **飯和蛋拌在一起**

用大碗打蛋，加入冷飯，撒鹽、胡椒，一起拌勻。

2 **炒餡料**

將沙拉油倒入平底鍋加熱，依序加入長蔥、香菇、叉燒肉拌炒。

1～2分

3 **加入蛋飯，一起炒**

加入①，用木勺像切東西般，一邊攪拌一邊炒。

1～2分

4 **加入綠豌豆**

加入綠豌豆，加鹽和胡椒調味，淋上醬油，再加熱一下。

30秒～1分

Point!

綠豌豆要先解凍，置於常溫下備用，最後加入時才能縮短拌炒的時間，顏色也會比較漂亮。

燉煮料理重點

無論日本料理或西式料理，都有許多燉煮的菜色。以下介紹燉煮時的重點步驟「撈浮沫」和「落蓋」。

落蓋

木製或不鏽鋼製的落蓋要比鍋子小，使用烘焙紙製成的落蓋要比鍋子大。

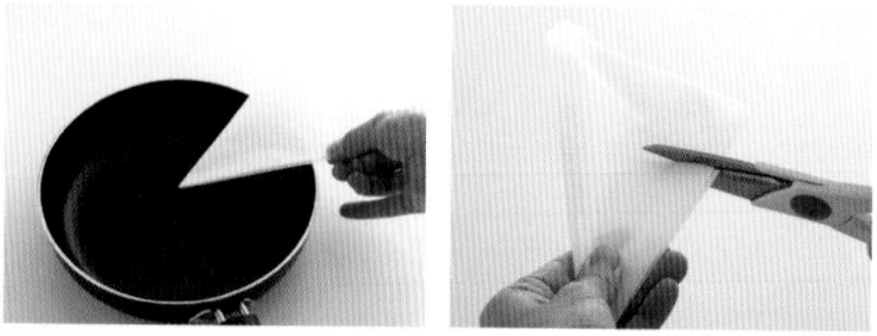

正方形烘焙紙對半折 4 次，修剪成比平底鍋稍大的圓形。

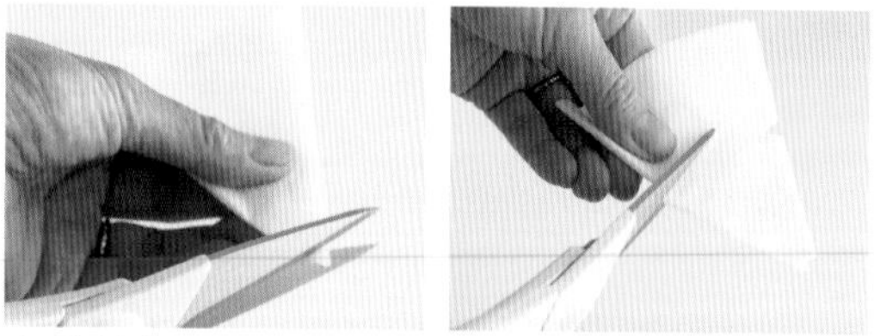

尖端剪掉 1cm，再於兩邊的中央各剪一個三角形。

攤開後就完成。突出部分沿著鍋子側面反折，要與食材緊密貼合，整個蓋住。

撈浮沫

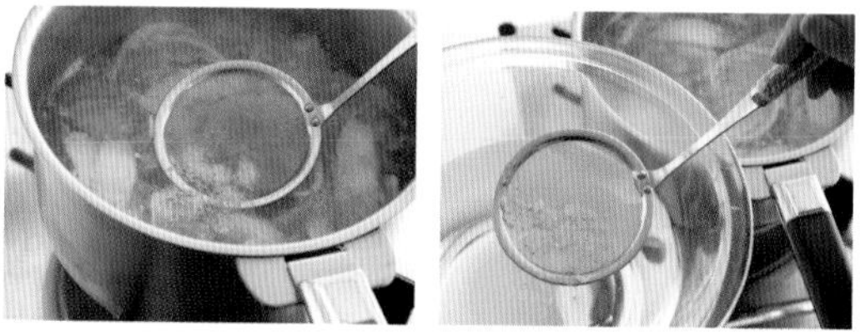

浮沫是指燉煮食物時，浮出表面的泡沫。浮沫是導致料理渾濁、有異味不順口的原因，務必撈除乾淨。煮滾的話，浮沫會飛散，應先轉小火，用撈勺或湯勺撈去浮沫，再將撈勺或湯勺泡在裝了水的大碗裡，洗淨後再撈。

專欄　關於調味的順序及方法

日本料理的調味有其順序（17 頁）。本書為求便利，將調味料事先調好（綜合調味料）備用，但事實上，在燉煮食物時，理應留意調味料的加入順序。首先加糖，讓味道滲入後，再加鹽。為了不讓食材的香味或口感流失，醋、醬油、味噌等調味料應於熄火前再加入。待操作上手後，請試著調整調味料的加入順序。燉煮前初嘗味道時，覺得清淡也無妨。如果在這個時候就加入調味料燉煮，煮好後的味道會偏重。快煮好前再試一次味道，若覺得味道過淡，再添加調味料也不遲。

人人都想學會

Step4

基本料理

51 牛肉絲時雨煮

**牛肉的鮮甜味完全滲入牛蒡裡
相當美味**

主菜

適合這道料理的其他配菜！

103 糖燒地瓜　（P159）

109 番茄沙拉　（P162）

材料（2人份）

牛肉（不成片的碎肉）…150g
牛蒡…50g
洋蔥…½ 個（100g）
沙拉油…1 小匙
A 高湯…1 杯
A 醬油…1 大匙
A 味醂…1 大匙

作法

1. 牛蒡削薄片，泡水（分量外）3～5 分鐘，去除澀液。洋蔥切成月牙形。
2. 將沙拉油倒入單柄鍋加熱，加入瀝去水分的牛蒡和洋蔥，拌炒 3～5 分鐘，直到食材變軟。
3. 加入 A，一起煮滾，邊將牛肉剝開，一邊加入鍋中，一邊以小火煮 10～15 分鐘。

52 豬肉角煮 主菜

材料（2人份）

豬肉五花肉（塊狀）……300g

A
- 長蔥（蔥綠部分）……1根
- 薑（薄片）……2片

B
- 水……2杯
- 酒……½杯
- 醬油……2大匙
- 砂糖……1½大匙
- 味醂……½大匙

日本芥子醬……適量

作法

1. 將豬肉、蓋過食材的水（分量外）和A放入雙柄鍋中，開火煮滾後，轉小火再煮30分鐘。用水清洗豬肉，切成適當大小。
2. 將①、B放入雙柄鍋裡，煮滾後轉小火，撈除浮沫，蓋上落蓋，以小火燉煮1個半小時。
3. 盛盤，擺上日本芥子醬。

何謂落蓋？→ 124頁

53 豬肉蔬菜捲 主菜

材料（2人份）

豬腿肉（薄片）……4片（150g）
鹽・胡椒……各少許
麵粉……適量
四季豆……4根
杏鮑菇……小2根（80g）
紅蘿蔔……60g
沙拉油……1小匙
醬油・味醂……各½大匙

作法

1. 四季豆切成3等分，配合四季度的長度，杏鮑菇縱切成4等分。紅蘿蔔切粗絲。
2. 將豬肉一片片攤開在砧板上，撒鹽和胡椒，再撒麵粉。¼分量的①擺在肉片上，捲起來。剩下的3片豬肉依相同要領捲蔬菜。
3. 將沙拉油倒入平底鍋加熱，②的收口朝下，放進鍋裡，以中火煎至周邊呈現金黃色。轉小火，蓋上鍋蓋再燜煎3～5分鐘，淋上醬油、味醂。

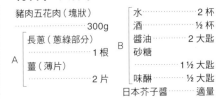

54 龍田揚炸雞

和風

用醬油和薑汁醃至
入味的香嫩龍田揚炸雞

主菜

適合這道料理的其他配菜！

67 白和拌菜（P137）
117 辣炒蒟蒻荷蘭豆（P166）

材料（2人份）

雞腿肉……1片（200g）
A 醬油……1大匙
A 味醂……1小匙
A 薑汁……1小匙
太白粉……適量
甜椒（紅·黃）……各¼個（30g）
炸油……適量

作法

1. 雞肉切成一口大小，用A醬料醃漬。甜椒以滾刀法切塊。
2. 將油倒入小平底鍋裡，加熱至150～160度，炸甜椒1～2分鐘，瀝油。
3. 醃好的雞肉抹太白粉，次用170～180度的油炸約5分鐘，瀝油。

炸衣的沾法？ → 83頁

炸蔬菜的方法 → 113頁

55 清蒸雞肉 主菜

材料（2人份）

雞胸肉……1片（200g）
鹽・粗粒胡椒……各少許
A
- 長蔥（蔥綠部分）……1根
- 薑（薄片）……2片

酒……2小匙
白髮蔥……½根（50g）
紫蘇（切絲）……4片
B
- 酸橘醋醬油……2大匙
- 香油……1小匙

作法

1. 將撒了鹽、粗粒胡椒的雞肉擺入耐熱器皿中，放上A，淋酒，包保鮮膜，放進微波爐加熱6～7分鐘，就這樣放著讓食材入味。
2. 雞肉切片，盛盤，白髮蔥和紫蘇拌勻後，擺在雞肉上面，再淋上已經拌好的B。

白髮蔥作法 → 181頁

56 涮豬肉涼拌沙拉 主菜

材料（2人份）

豬肉（火鍋肉片）……150g
A
- 長蔥（蔥綠部分）……1根
- 薑（薄片）……3片

水菜……½束（100g）
番茄……½個（75g）
金針菇……1束（80g）
B
- 酸橘醋醬油……1大匙
- 芝麻醬……½大匙

作法

1. 水菜切成長3cm段狀，番茄切成厚5mm的片狀。金針菇切去根部，撕開。
2. 用雙柄鍋將水煮沸，快速汆燙金針菇，取出。再將A放進同一鍋裡，煮滾後，續煮30秒～1分鐘，待豬肉變色後，撈起放入冰水裡冷卻。
3. 瀝去水分的豬肉和金針菇、水菜、番茄盛盤，淋上拌勻的B。

57 南蠻漬竹莢魚

和風

酸味有助開胃
白飯一碗接一碗

主菜

適合這道料理的其他配菜！

74 日式蛋花湯（P141）
99 紅蘿蔔絲炒蛋（P157）

材料（2人份）

竹莢魚（切成3片）……2尾（140g）
鹽・酒……各少許
太白粉……適量
南瓜……100g
青辣椒（獅子唐辛子）……6根

南蠻醋
- 醬油・醋……各2大匙
- 砂糖……1½大匙
- 高湯……⅓杯
- 辣椒（切小塊）……1根

炸油……適量

作法

1. 南瓜切成扇形，青辣椒用叉子戳孔。南蠻醋材料拌好備用。
2. 將一片竹莢魚切成3等分，灑上鹽和酒，靜置5分鐘，用廚房紙巾擦乾，再抹太白粉。
3. 將油倒入小平底鍋，加熱至150～160度，放入南瓜、青辣椒油炸約1分鐘，再同樣以南蠻醋醃漬。用170～180度的油炸竹莢魚3～4分鐘，以南蠻醋醃漬。

＊購買竹莢魚時，最好買已經一尾剖成3片的商品。

炸法？→ 113頁

58 鹽燒秋刀魚 主菜

材料（2人份）

秋刀魚……2尾（200g）
鹽・酒……各少許
白蘿蔔……100g
臭橙汁……適量
醬油……適量

作法

1. 白蘿蔔磨泥。
2. 秋刀魚對半切，灑上鹽和酒，放入電烤箱烤4～5分鐘。烤至金黃色後翻面，再烤3～5分鐘。
3. 秋刀魚盛盤，擺放淋上醬油和臭橙汁的白蘿蔔泥。

59 紅燒鰈魚 主菜

材料（2人份）

鰈魚……2片（300g）
竹筍（水煮）……50g
海帶芽（泡軟）……20g

A
- 水……¾杯
- 酒……¼杯
- 醬油……1大匙
- 砂糖……½大匙
- 味醂……1大匙

作法

1. 在魚皮上劃十字刀紋。竹筍切薄片，海帶芽切成一口大小。
2. 將A放入雙柄鍋裡煮滾，皮面朝上放入鰈魚。舀煮汁淋魚肉，加入竹筍，蓋上落蓋，以小火煮15～20分鐘。
3. 加入海帶芽，煮一下就熄火，盛盤。

魚的煮法？→ 45頁

60 豆皮福袋

和風

吸入滿滿高湯
鮮甜清香的健康料理

主菜

適合這道料理的其他配菜！

65 章魚炊飯（P135）
100 番茄沙拉（P158）

材料（2人份）

豆皮	2片
蒟蒻絲	20g
香菇	1朵
紅蘿蔔	30g
四季豆	3根
雞腿肉	50g
A 醬油	1小匙
A 味醂	1小匙
B 高湯	1杯
B 醬油	½大匙
B 味醂	½大匙

作法

1. 以熱開水淋豆皮，除去油膩感，對半切開。
2. 蒟蒻絲切成長2～3cm的條狀，香菇切薄片，紅蘿蔔切粗絲，四季豆斜切成薄片。雞肉切細絲。
3. 以A醃漬①5～10分鐘。
4. 撐開①的開口，將②塞進去，插上牙籤固定。
5. 用單柄鍋煮開B，煮滾後加入④，以小火煮約15～20分鐘。

61 揚出豆腐 主菜

材料（2人份）

木棉豆腐……………1塊（300g）
麵粉……………適量
炸油……………適量
A 高湯……………½杯
醬油……………½大匙
味醂……………½大匙
白蘿蔔……………100g
薑……………1塊
小青蔥……………1根
炸油……………適量

作法

1. 以廚房紙巾包住豆腐，置於盤子上，再用重石壓著豆腐20分鐘，除去水分，切成4等分。白蘿蔔和薑磨成泥，青蔥切小塊。
2. 用紙巾擦乾豆腐水分，抹麵粉。放進170～180度的熱油炸約1～2分鐘。
3. 單柄鍋煮開A，要將其煮滾。
4. ②盛盤，淋上③，再擺上白蘿蔔泥和薑泥和青蔥。

炸法？→ 83頁

62 天婦羅 主菜

材料（2人分）

蝦……………6尾（30g）
青辣椒（獅子唐辛子）……………4根
茄子……………½根（40g）
地瓜……………40g
麵粉……………適量
炸衣 蛋（½個）＋水……………½杯
麵粉……………½杯
炸油……………適量
天婦羅沾醬（市售）適量
白蘿蔔泥……………適量

作法

1. 蝦去殼、剔除腸泥。青辣絲用叉子戳洞。茄子和地瓜斜切成片。
2. 用大碗攪拌炸衣材料，在蝦子和蔬菜表面沾上麵粉，再裹炸衣，以180～190度的熱油炸3～4分鐘。
3. 瀝油，盛盤，佐以天婦羅沾醬和白蘿蔔泥。

除腸泥的方法？→ 110頁

63 豆皮壽司

和風

甜甜的滷豆皮
是令人懷念的滋味

主食

適合這道料理的其他配菜！

11 筑前煮（P40）
53 豬肉蔬菜捲（P127）

材料（2人份）

豆皮		3片
A	高湯	½杯
A	酒	2大匙
A	砂糖	2大匙
A	醬油	1大匙
A	味醂	½大匙
飯		2人份（約300g）
壽司醋	醋	25ml
壽司醋	砂糖	½大匙
壽司醋	鹽	少許
壽司醋	味醂	½大匙
芝麻		½大匙

作法

1. 熱開水淋豆皮，去油，對半切開。
2. 將A放入單柄鍋，煮滾，加入①煮10～15分鐘，煮到水收乾為止。
3. 將拌好的壽司醋和芝麻加入飯中，像切東西般用飯勺攪拌，再塞進②裡。

＊可以將豆皮翻至背面，再塞入壽司飯。

壽司醋和飯的拌法？ → 59頁

和風

64 蕪青葉魩仔魚炊飯

主食

材料（2人份）

飯
……2人份（約300g）
蕪青葉
……1個的分量（30g）
鹽……少許
魩仔魚
……3大匙
芝麻……1小匙

作法

1. 用加了鹽的熱水汆燙蕪青葉，擰乾水分，切碎。
2. 將①、魩仔魚、芝麻加進飯裡，攪拌一下。

汆燙蕪青葉的方法？→ 180頁

65 章魚炊飯

主食

材料（2～3人份）

米……1合
薑……1塊
章魚……70g
A［酒・味醂・薄口醬油
……各½大匙
鹽
……⅙小匙］

作法

1. 洗米，瀝水，放置約30分鐘。薑切絲，章魚切薄片。
2. 將米放進內鍋，依平日標準加水後，再舀掉1½大匙的水。加入A，拌勻，擺上章魚和薑絲，煮飯。

煮飯的方法？→ 55頁

和風

66 涼拌菠菜

和風

快速上菜的簡易料理
學會以後受用無窮！
副菜

適合這道料理的其他配菜！

16 雞肉丸子（P50）

33 炸豬排（P86）

材料（2人份）

菠菜 …… ½束（150g）
鹽 …… 少許
醬油 …… 少許
A 高湯 …… 2大匙
A 醬油 …… 1小匙
柴魚片 …… 適量

作法

1. 在煮滾的熱水裡加鹽，汆燙菠菜，擰乾水分，切成長3cm段狀，再用醬油洗菜。
2. 將A拌入①，盛盤，撒上柴魚片。

汆燙菠菜的方法？ → 23頁

何謂洗醬油？ → 23頁

67 白和拌菜 副菜

材料（2人份）

山茼蒿……¼束（50g）
紅蘿蔔
……………¼根（45g）
鴻喜菇
……………¼袋（20g）
A 高湯……………¼杯
A 薄口醬油．味醂
……………各1小匙
木棉豆腐
……………¼塊（75g）
B 芝麻粉………1大匙
B 砂糖…………1小匙
B 薄口醬油．鹽
……………各少許

作法

1. 汆燙山茼蒿，切成長3cm段狀。用廚房紙巾包住豆腐，用重石壓豆腐20分鐘，除去水分。
2. 紅蘿蔔切成長方形片狀，鴻喜菇切掉根部，撕開。
3. 將A、②放入單柄鍋，以中火煮至10～15分鐘，煮好後就放著讓食材入味，再瀝乾。
4. 將豆腐放入大碗裡，用擀麵棍壓碎，加入B拌勻，再加入山茼蒿和③，攪拌均勻。

68 滷煮蘿蔔乾絲 副菜

材料（2人份）

蘿蔔乾（細絲狀）…20g
紅蘿蔔
……………¼根（45g）
豆皮……………½片
A 高湯……………1杯
A 醬油…………1大匙
A 味醂．酒
……………各½大匙

作法

1. 蘿蔔乾泡水變軟後，擰乾水分，切成長5cm段狀。紅蘿蔔切粗絲，豆皮以熱水去油，切成長方形片狀。
2. 將A放進單柄鍋裡，煮滾，加入①，以小火煮15～20分鐘，煮到蘿蔔乾膨脹即可。

69 滾煎馬鈴薯

作法非常簡單
保留馬鈴薯最原始的風味
口感鬆軟綿密

副菜

適合這道料理的其他配菜！

25 薑燒豬肉（P70）

78 炸竹莢魚佐塔塔醬（P144）

材料（2人份）

馬鈴薯…………3個（400g）
鹽…………適量
青海苔…………適量

作法

1. 馬鈴薯削皮，切成一口大小。
2. 將馬鈴薯放進單柄鍋裡，倒入蓋過馬鈴薯的水，煮15～20分鐘。
3. 煮到竹籤能刺穿，表示熟透了，倒掉熱水。開小火，搖動鍋子及鍋中的馬鈴薯。
4. 待馬鈴薯整個佈滿白粉，盛盤，撒鹽和青海苔。

馬鈴薯煮法？→ 177頁

70 滷煮里芋 副菜

材料（2人份）

里芋
……… 小10個（200g）
鹽……………………… 少許
A
- 高湯…………………… 1杯
- 酒…………………… 3大匙
- 味醂…………………… 1大匙
- 砂糖…………………… 1大匙

醬油…………………… 1大匙

作法

1. 里芋削皮，用鹽搓洗，洗掉黏液。大的里芋對半切。
2. 將里芋和A放進單柄鍋裡，開火煮5分鐘。
3. 加醬油，蓋上落蓋，以小火煮10～15分鐘，煮到湯汁快收乾為止。

如何除去里芋的黏液？ → 178頁

何謂落蓋？ → 124頁

71 滷煮南瓜 副菜

材料（2人份）

南瓜
…………… ⅛個（150g）
四季豆………………… 2根
砂糖…………………… 1大匙
A
- 薄口醬油
  ………………… 1小匙
- 味醂…………… 1大匙

作法

1. 南瓜切成一口大小，削掉部分的皮。四季豆斜切成薄片。
2. 將南瓜放進單柄鍋裡，加入與南瓜等高的水（分量外）。和砂糖，以大火煮。
3. 煮滾後，加入A，以小火煮10～15分鐘，待南瓜變軟，再加入四季豆滾一下即可。

與食材等高的水？ → 18頁

72 豬肉味噌湯

材料多保證有飽足感！
最適合冬天的暖呼呼料理

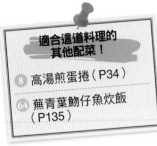

副菜

適合這道料理的其他配菜！

8 高湯煎蛋捲（P34）

64 蕪青葉魩仔魚炊飯（P135）

材料（2人份）

里芋	2個（70g）	長蔥	¼根
白蘿蔔	50g	豬五花肉	50g
紅蘿蔔	25g	水	2杯
蒟蒻	30g	味噌	1½大匙
牛蒡	25g	七味辣椒粉	適量

作法

1. 將里芋和牛蒡切成寬 5mm 的半月形，白蘿蔔和紅蘿蔔切成寬 2mm 的扇形。蒟蒻切成 1 ～ 2cm 的塊狀，長蔥切成 1cm 的塊狀。
2. 將長蔥以外的①和水放入單柄鍋裡，煮滾後轉小火，加入切成一口大小的豬肉，煮 10 ～ 15 分鐘。
3. 加入長蔥滾後，用湯勺溶解味噌調味。
4. 盛碗，依個人喜好撒上七味辣椒粉。

溶解味噌的方法？ → 33頁

和風

73 蔬菜清湯 副菜

材料（2人份）

香菇……1朵
鴨兒芹……2根
高湯……1½杯
薄口醬油……½小匙
鹽……少許

作法

1. 香菇對半切，再切成薄片。鴨兒芹任意切細。
2. 將高湯和香菇放進單柄鍋中，以中火加熱約2～3分鐘，再加入鴨兒芹、薄口醬油和鹽調味。

高湯作法？→ 15頁

74 日式蛋花湯 副菜

材料（2人份）

洋蔥……⅙個（35g）
紅蘿蔔……40g
蛋……1個
高湯……1½杯
味噌……1大匙
粗粒胡椒……適量

作法

1. 洋蔥切薄片，紅蘿蔔切粗絲。
2. 將高湯和①放進單柄鍋中，開火煮約4～5分鐘。
3. 紅蘿蔔煮軟後，溶解味噌，再打蛋，淋入蛋液，煮約30秒熄火。盛碗，撒粗粒胡椒。

高湯作法？→ 15頁

和風

⑦⑤ 義式雞排

起司獨特風味讓美味升級
輕輕鬆鬆就能完成的宴客料理

主菜

適合這道料理的其他配菜！

㉓ 義式蔬菜湯（P66）

⑩⑧ 馬鈴薯沙拉（P162）

材料（2人份）

雞胸肉⋯⋯⋯⋯1片（200g）
鹽・胡椒⋯⋯⋯⋯各少量
麵粉⋯⋯⋯⋯適量
A 蛋液⋯⋯⋯⋯2個
A 起司粉⋯⋯⋯⋯2大匙
A 巴西里（切末）⋯⋯⋯⋯1大匙
橄欖油⋯⋯⋯⋯½大匙
萵苣⋯⋯⋯⋯4片
小番茄⋯⋯⋯⋯6個

作り方

❶ 雞肉削切成6片，撒鹽和胡椒，抹上麵粉。
❷ 將A放進大碗裡，拌勻。
❸ 將橄欖油倒入大平底鍋裡加熱，放進沾裹了②的雞肉，以中火煎3～5分鐘，煎至金黃色，再翻面煎3～5分鐘，讓雞肉熟透。
❹ 盛盤，擺上萵苣、小番茄。

何謂削切？→ 176頁

基本料理

⑦⑥ 法式清湯 主菜

材料（2人份）

紅蘿蔔……1根（180g）
馬鈴薯……2個（270g）
小洋蔥……4個（60g）
培根（塊狀）
……80g

A ［水……2杯
月桂葉……1片
高湯粉……1小匙］
鹽・胡椒……各少許
芥末籽醬……1大匙

作法

1. 紅蘿蔔以滾刀法切成大塊，馬鈴薯對半切。小洋蔥剝皮，培根切成寬1cm塊狀。
2. 將①和A放進雙柄鍋裡，開火煮滾後，轉小火並蓋上鍋蓋，煮30分鐘。
3. 紅蘿蔔煮軟後，加鹽和胡椒調味，盛盤，放上芥末籽醬。

＊小洋蔥是指直徑2～3cm的小顆洋蔥。如果買不到，以⅓個洋蔥取代。

何謂落蓋？→ 124頁

⑦⑦ 煎豬排 主菜

材料（2人份）

豬里肌肉（煎肉排專用）
……2片（300g）
鹽・胡椒……各少許
鳳梨……80g
蒜頭……1個
沙拉油……½大匙

A ［番茄醬
……2大匙
蠔油醬
……1大匙］
西洋芹菜……適量

作法

1. 鳳梨切成1cm塊狀，蒜頭磨泥。豬肉去筋，撒鹽、胡椒。
2. 將①放進塑膠袋裡，輕輕搓揉，放置10分鐘。
3. 將沙拉油倒入小平底鍋加熱，以中火煎②的豬肉3～5分鐘。煎出金黃色後，翻面再煎3～5分鐘，盛裝於放了西洋芹菜的盤子上。
4. 將②剩下的鳳梨和紅蘿蔔放入③的平底鍋裡，加入A煮滾，淋在③上面。

醬料作法？→ 69頁
豬肉如何去筋？→ 87頁

78 炸竹莢魚佐塔塔醬

西式

剛炸好的香酥口感讓人愛不釋口！
一定要趁熱食用

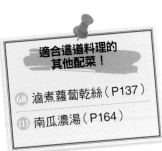

主菜

適合這道料理的其他配菜！

68 滷煮蘿蔔乾絲（P137）
113 南瓜濃湯（P164）

材料（2人份）

竹莢魚（油炸用的剖開魚片）……2尾（140g）
鹽・胡椒……各少許
炸衣
- 麵粉……適量
- 蛋液……適量
- 麵包粉……適量

番茄……½個（75g）
青辣椒（獅子唐辛子）……6根
炸油……適量
塔塔醬
- 水煮蛋（切成小塊）……1個
- 酸黃瓜（切碎）……1條
- 美乃滋……2½大匙
- 巴西里（切末）……1小匙

作法

1. 番茄切成月牙形，青辣椒用叉子戳洞。
2. 拌勻塔塔醬的材料，備用。
3. 竹莢魚撒鹽、胡椒，再裹炸衣。
4. 將油加熱至170～180度，放進擦乾水分的青辣椒炸30秒～1分鐘。接著炸③3～4分鐘，炸至金黃色。
5. 炸好的竹莢魚盛盤，淋上塔塔醬，擺上番茄和青辣椒。

裹炸衣的方法・炸法？ → 85頁

＊買竹莢魚時，因為要油炸，請商家協助將魚剖開。若是大尾的竹莢魚，先剖成3片，再對半切。
＊沒有酸黃瓜的話，不放也行。

炸法？→ 83 頁

西式

79 醋漬沙丁魚 主菜

材料（2人份）

- 沙丁魚……3 尾（165g）
- 鹽・胡椒……各少許
- 酒……1 大匙
- 太白粉……適量
- 紅蘿蔔……20g
- 芹菜……⅓根（30g）
- 洋蔥……¼ 個（50g）
- 紅甜椒……¼ 個（30g）
- A
  - 薄口醬油……1 大匙
  - 砂糖……1 大匙
  - 醋……2 大匙
  - 水……3 大匙
  - 鹽……少許
- 炸油……適量

作法

1. 紅蘿蔔和芹菜切絲，洋蔥和紅甜椒切薄片，全部快速汆燙。
2. 將 A 拌勻，以①醃漬。
3. 沙丁魚切成一口大小，灑鹽、胡椒和酒。
4. 用廚房紙巾擦乾③，抹上太白粉，放入 170 ～ 180 度的熱油炸約 3 ～ 4 分鐘。趁熱時放進②裡醃 15 分鐘。

＊ 買沙丁魚時，請商家將魚剖成 3 片。

80 麥年煎魚排 主菜

材料（2人份）

- 鰈魚……2 片（300g）
- 鹽・胡椒……各少許
- 麵粉……適量
- 奶油……2 大匙
- 巴西里……適量
- 檸檬……適量

作法

1. 鰈魚撒鹽、胡椒，再抹上麵粉。
2. 將奶油放入小平底鍋加熱，完全溶解前，放進魚片，以中火煎 3 ～ 4 分鐘。煎至金黃色後翻面，蓋上鍋蓋，再煎 2 ～ 3 分鐘。
3. 盛盤，擺上巴西里和檸檬片。

西式

81 水波蛋

西式

早餐吃這個就很飽足
再加一道蔬菜配菜
就營養滿分囉！

主食
主菜

適合這道料理的其他配菜！

23 義式蔬菜湯（P66）
105 普羅旺斯燉菜（P160）

材料（2人份）

蛋……2個
吐司（切成8片的）……2片
奶油……2小匙
美乃滋・番茄醬……各½大匙

作法

1. 拌勻美乃滋和番茄醬，備用。
2. 吐司用烤麵包機烤過，對半切，塗上奶油。
3. 用單柄鍋將水煮滾，蛋逐一打破，放進去煮。就這樣煮2～3分鐘，等蛋煮成一整顆後，用撈勺撈出，瀝去水分。
4. 將③放在②上面，淋上①。

西式

82 雞肉咖哩

主食　主菜

材料（2人份）

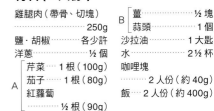

- 雞腿肉（帶骨、切塊）……250g
- 鹽・胡椒……各少許
- 洋蔥……½ 個
- A
  - 芹菜……1 根（100g）
  - 茄子……1 根（80g）
  - 紅蘿蔔……½ 根（90g）
- B
  - 薑……½ 塊
  - 蒜頭……1 個
- 沙拉油……1 大匙
- 水……2½ 杯
- 咖哩塊……2 人份（約 40g）
- 飯……2 人份（約 400g）

作法

1. 洋蔥切成月牙形，A 切滾刀塊，B 切末。
2. 雞肉灑鹽、胡椒。
3. 將沙拉油和 B 放入雙柄鍋，加熱至香氣溢出後，炒②，加進 A 和洋蔥，過油加熱後，再加水。
4. 以小火煮約 15 ～ 20 分鐘，熄火，放進咖哩塊，再煮約 5 分鐘。
5. 盤子盛飯，淋上④。

咖哩作法？ → 93 頁

83 肉醬義大利麵

主食　主菜

材料（2人份）

- 綜合絞肉……200g
- A
  - 洋蔥……¼ 個（50g）
  - 蒜頭……1 個
- B
  - 水煮番茄（整顆・罐頭）……½ 罐（200g）
  - 紅酒……¼ 杯
  - 番茄醬……2 大匙
  - 高湯粉……1 小匙
  - 月桂葉……1 片
- 鹽・胡椒……少許
- 橄欖油……1 大匙
- 義大利麵……150g
- 鹽……適量

作法

1. 將 A 切末。
2. 沙拉油和蒜末放進小平底鍋加熱，散發香氣後炒洋蔥，洋蔥變透明後，加入綜合絞肉炒至肉變色。
3. 依序加入 B，轉小火煮 8 ～ 10 分鐘，煮到煮汁快收乾時，加鹽、胡椒調味。
4. 依指示煮義大利麵，盛盤，淋上③。

西式

義大利麵的煮法？ → 102 頁

84 綠豌豆飯

西式

奶油的香氣相當迷人
享受與抓飯截然不同的美味

主食

適合這道料理的其他配菜！

76 法式清湯（P143）

77 煎豬排（P143）

材料（2～3人份）

米		1杯
A	鹽	¼小匙
A	酒	1大匙
A	高湯粉	1小匙
綠豌豆（冷凍）		60g
鹽		少許
奶油		1大匙

作法

1. 將綠豌豆放進加了鹽的熱水煮約30秒，直到質地變硬。米洗淨，瀝乾水。
2. 依照平常的標準加水，再舀掉1大匙的水，加入A，攪拌一下，開始煮飯。
3. 飯煮好後加入奶油，拌勻，再放入綠豌豆，最後再燜一會兒即可。

煮飯方法？ → 55頁

85 絞肉咖哩 主食 主菜

材料(2人份)

綜合絞肉……150g

A
- 洋蔥……½個(100g)
- 紅蘿蔔……⅓根(60g)
- 薑……½個

沙拉油……½大匙

B
- 咖哩粉……1大匙
- 番茄醬・蠔油醬……各¾大匙
- 水……¼杯

鹽・胡椒……各少許

飯……2人份(約400g)

作法

❶ 將A切末。

❷ 將沙拉油倒入小平底鍋裡加熱，炒香①，再加入綜合絞肉，炒至肉變色。

❸ 加入B，以中火煮8～10分鐘，煮到水快收乾，加鹽、胡椒調味。

❹ 飯盛盤，擺上③。

＊可依個人喜好放上芹菜葉絲。

86 抓飯 主食 主菜

材料(2～3人份)

米……1杯

綜合蔬菜(冷凍)……50g

維也納香腸2根(40g)

高湯粉……1小匙

鹽……少許

奶油……1大匙

作法

❶ 洗米，置於網勺上。綜合蔬菜解凍。香腸對半切，再切成薄片。

❷ 將米放入內鍋，依平常標準加水，加入高湯粉和鹽，攪拌一下，再放進綜合蔬菜和香腸，煮飯。

❸ 煮好後，加入奶油，攪拌均勻即可。

87 八寶菜

亞洲

加了許多蔬菜很健康
食材的加入順序
是烹調重點

主菜

材料（2人份）

白菜……………2片（200g）
紅蘿蔔…………⅓根（60g）
青椒……………1個（30g）
A ┌香菇……………2朵
  └洋蔥………½個（100g）
豬腿肉（薄片）…………150g
酒・醬油…………各1小匙
蝦仁……………………60g
沙拉油……………1大匙
薑（薄片）…………………3片
B ┌酒……………………1大匙
  │醬油………………½大匙
  │鹽・胡椒…………各少許
  │雞骨高湯粉
  │………………………⅔小匙
  └水……………………⅔杯
太白粉…………………2小匙
水………………………2小匙

作法

1. 白菜芯削切，白菜葉切大片。紅蘿蔔切成長方形片狀，青椒切細絲，A切成薄片。
2. 將沙拉油和薑放進大平底鍋裡加熱，散發香味後，加入豬肉拌炒，等肉變色後，加入紅蘿蔔、洋蔥、白菜芯一起翻炒。
3. 拌炒約1～2分鐘後，加入蝦仁、香菇、青椒、白菜葉，再炒1～2分鐘。
4. 加入B，煮滾後，倒入溶解的太白粉水，勾芡。

適合這道料理的其他配菜！

118 拌三絲（P167）
120 中式蛤蜊湯（P168）

太白粉的加粉？ → 115頁

亞洲

88 麻婆茄子 主菜

材料（2人份）

茄子……3根（240g）
炸油……適量
豬絞肉……80g
A［酒・醬油……各½小匙］
B［薑・蒜頭……各½個／長蔥……¼根］
沙拉油……½大匙
豆瓣醬……½小匙
C［甜麵醬……½大匙／醬油・酒……各½大匙／醋・砂糖……各½小匙／雞骨高湯粉……1把／水……¼杯］
太白粉……1小匙
水……1小匙
香油……少許

作法

1. 茄子切滾刀塊，放入170～180度的熱油裡炸。豬肉撒上A。
2. 將B切末。
3. 將沙拉油和②倒入大平底鍋裡加熱，散發香味後，加入豆瓣醬拌炒，炒至入味。
4. 加入豬肉，炒至肉變色後，加進C煮滾，加入茄子再次煮滾後，倒入溶解的太白粉水勾芡，淋上香油。

何謂直接炸？→ 113頁

89 青椒炒肉絲 主菜

材料（2人份）

牛腿肉（烤肉專用）……100g
A［醬油……1小匙／鹽・胡椒……各少許／香油……½大匙／太白粉……½大匙］
B［青椒……2個（60g）／紅甜椒……½個（60g）／竹筍（水煮）……100g］
C［蒜頭……½個／薑……½塊］
沙拉油……1大匙
綜合調味料［醬油・酒・蠔油醬……各1小匙／砂糖……½小匙／雞骨高湯粉……1把／太白粉……½小匙］
胡椒……少許

作法

1. 牛肉切絲，用A醃漬，備用。B切細絲。
2. 將C切末。
3. 將一半的沙拉油和②倒入大平底鍋裡加熱，散發香味後，加入B拌炒1～2分鐘，食材過油後取出。
4. 再倒入剩下的沙拉油加熱，炒牛肉，肉炒至變色後，倒入③，淋上綜合調味料，炒1～2分鐘後，撒胡椒。

亞洲

綜合調味料的加法？→ 113頁

90 蔬菜炒牛肉

主菜

材料（2人份）

牛肉（不成片的碎＼肉）……150g

A
- 一味辣椒粉……½ 小匙
- 香油……½ 大匙
- 砂糖……1 大匙
- 醬油……1 ½ 大匙
- 蒜頭（磨泥）……½ 大匙
- 蘋果（磨泥）……1 ½ 大匙
- 胡椒……少許

分蔥……60g
甜椒（紅．黃）……各 ¼ 個（30g）
洋蔥……½ 個（100g）
芹菜……½ 根（50g）
香油……½ 大匙
芝麻……適量

作法

1. 用 A 醃漬牛肉。
2. 分蔥切成長 3cm 的段狀，甜椒切細絲，洋蔥切薄片，芹菜斜切成薄片。
3. 將香油倒入平底鍋加熱，加入分蔥以外的②，拌炒 1 ～ 2 分鐘後取出。
4. 將①加入③的空鍋中，一起拌炒，炒到肉變色後，加入③、分蔥，一起翻炒。
5. 盛盤，撒上芝麻。

91 回鍋肉

主菜

材料（2人份）

豬五花肉（薄片）……150g
酒．醬油……各 1 小匙
高麗菜……5 片
長蔥……½ 根

A
- 薑……1 塊
- 蒜頭……1 個

沙拉油……1 大匙

B
- 甜麵醬……2 大匙
- 豆瓣醬……1 小匙
- 砂糖．醬油……各 ½ 大匙
- 酒……1 小匙

胡椒……少許

作法

1. 豬肉切成一口大小，淋上酒和醬油。
2. 高麗菜切大段，長蔥斜切成薄片。
3. 將 A 切薄片。
4. 將沙拉油和③放入大平底鍋加熱，炒豬肉，炒至肉變色後，加入高麗菜、長蔥，拌炒 1 ～ 2 分鐘。
5. 蔬菜炒軟後，加入 B 再炒，撒上胡椒。

亞洲

92 辣炒芹菜花枝

主菜

材料（2人份）

- 花枝……200g
- A
  - 醬油……1小匙
  - 薑汁……½小匙
  - 胡椒……少許
- 芹菜……1根（100g）
- 沙拉油……2小匙
- B
  - 味噌・砂糖・醬油……各1小匙
  - 酒……2小匙
  - 豆瓣醬……少許

作法

1. 花枝劃格子刀紋，再切成一口大小，用A醃漬。
2. 芹菜斜切成薄片。
3. 將沙拉油倒入大平底鍋中加熱，快炒②。加入①再拌炒2～3分鐘，等花枝變色後，淋上B，炒至入味。

93 炸醬麵

主食　主菜

亞洲

材料（2人份）

- 中華麵（生麵）……2卷
- 小黃瓜……½根（50g）
- 長蔥……¼根
- 番茄……½個（75g）
- A
  - 蒜頭……1個
  - 薑……1塊
  - 洋蔥……½個（100g）
- 沙拉油……1大匙
- 豬絞肉……150g
- 豆瓣醬……½小匙
- B
  - 甜麵醬・味噌・酒……各½大匙
  - 醬油……¾大匙
  - 水……½杯

作法

1. 依商品包裝的指示煮麵。小黃瓜切粗絲，長蔥切成白髮蔥，番茄切薄片。
2. 將A切末。
3. 將沙拉油和②放入大平底鍋加熱，炒至洋蔥變透明後，加入絞肉一起拌炒至肉變色。
4. 將豆瓣醬加入③裡，入味後加入B，再炒5～10分鐘，直到煮汁快收乾。
5. 盛盤，擺上④、小黃瓜、番茄和白髮蔥。

中華麵的煮法？→102頁

白髮蔥的作法？→181頁

亞洲

94 韓式拌飯 主食 主菜

材料(2人份)

飯
……2人份(約400g)
牛腿肉(烤肉專用)
……100g

A
砂糖……1小匙
醬油……2小匙
香油……¼大匙
一味辣椒粉
……¼小匙

白菜泡菜……100g

B
黃豆芽……100g
紅蘿蔔
……⅓根(60g)
菠菜……100g
紫萁(汆燙)……50g

香油……½小匙

C
鹽……⅕小匙
雞骨高湯粉
……⅓小匙
芝麻粉……4大匙
香油……1大匙

沙拉油……1小匙
韓式辣椒醬……適量

作法

1. 牛肉切絲,用A醃漬。白菜泡菜切大段。
2. 依照三色拌菜的作法,各自處理B的材料,再用C拌勻。菠菜和紫萁參考姊菜的作法。
3. 將沙拉油倒入平底鍋加熱,拌炒①的牛肉2～3分鐘。
4. 碗盛飯,擺上②和③、白菜泡菜,再放上辣椒醬。

三色拌菜的作法? → 105頁

95 韓式煎餅 主菜

材料(2人份)

韭菜……½束(50g)
蛋……1個
蛤蜊(水煮.罐頭)
……30g

A
黑芝麻……1大匙
鹽……少許
上新粉(蓬萊米粉)
……2大匙

香油……1大匙
辣椒絲……適量
醋.醬油……各適量

作法

1. 韭菜切成長10cm段狀。
2. 用大碗打蛋,加入瀝水的蛤蜊、①、A,大致攪拌一下。
3. 將香油倒入平底鍋加熱,倒入②,煎2～3分鐘,翻面再煎2～3分鐘。
4. 切成適當大小,盛盤,擺上辣椒絲,再擺上裝了醋醬油的小碟子。

亞洲

煎法? → 57頁

變化無窮

Step5 便利料理

⑯ 涼拌秋葵

材料(2人份)

秋葵……………………… 10 根
鹽………………………………少許
高湯……………………… ¼ 杯
醬油……………………… 1 小匙
柴魚片 ………………… 小 ½ 袋

作法

❶ 秋葵抹鹽，放在砧板上來回搓動（皮搓），汆燙後，對半斜切。
❷ 將高湯和醬油拌勻，醃漬秋葵 10 ～ 15 分鐘。
❸ 盛盤，擺上柴魚片。

和風 副菜

何謂板搓？ → 175 頁

⑰ 豆皮滷煮小松菜

材料(2人份)

小松菜 ………… ½ 束(180g)
豆皮………………………… ½ 片

A	高湯	1／杯 2
	醬油	½ 大匙
	味醂	½ 大匙

作法

❶ 小松菜切成長 3cm 段狀。豆皮去油後，切成長方形片狀。
❷ 將 A 放進單柄鍋裡，煮滾，加入豆皮和小松菜，煮 2 ～ 3 分鐘。

和風 副菜

何謂去油？ → 31 頁

98 芝麻涼拌四季豆

材料（2人份）

四季豆……10根
鹽……少許
A 芝麻粉……½小匙
A 砂糖……¼小匙
A 醬油……½小匙
A 鹽……少許

作法

1. 用加了鹽的熱水汆燙四季豆，對半縱切後，再切成長3cm段狀。
2. 將A材料放進大碗裡拌勻，用以涼拌四季豆。

和風　副菜

99 紅蘿蔔絲炒蛋

材料（2人分）

紅蘿蔔……½根（90g）
蛋……1個
沙拉油……1小匙
鹽．胡椒……少許
沾麵露（2倍濃縮）……2小匙

作法

1. 紅蘿蔔切粗絲。打蛋備用。
2. 將沙拉油倒進小平底鍋加熱，拌炒紅蘿蔔1～2分鐘。炒軟後撒鹽、胡椒，加入沾麵露，淋上蛋液，再加熱1分鐘即可。

和風　副菜

⑩⓪ 味噌炒茄子

材料（2人份）

茄子……………3 根（240g）
薑……………………………½ 塊
紫蘇…………………………5 片
香油………………………1 大匙
A 味噌……………………½ 大匙
A 酒…………………………2 大匙
A 砂糖……………………½ 小匙

作法

❶ 茄子切滾刀塊，薑切絲，紫蘇切粗末。
❷ 將香油和薑絲放入小平底鍋加熱，拌炒茄子 2 ～ 3 分鐘。
❸ 淋上 A，待茄子入味，盛盤，撒上紫蘇末。

和風 副菜

⑩① 微波蒸玉米

材料（2人份）

玉米……………1 根（100g）

作法

❶ 玉米剝皮，沾一點水，再用保鮮膜緊緊包住。
❷ 放進微波爐加熱 3 ～ 4 分鐘，冷卻後切成適當大小。

和風 副菜

102 滷煮馬鈴薯

材料（2人份）

馬鈴薯…………3個（400g）
醬油……………………1大匙
味醂……………………1大匙

作法

1. 將馬鈴薯切成4等分。
2. 將①放入鍋裡，再加入蓋過食材的水，開火煮滾。水滾後轉中火，再煮15～20分鐘，瀝乾水。
3. 用另外一個鍋子煮開醬油和味醂，加入②一起煮，讓馬鈴薯入味。

和風　副菜

蓋過食材的水量？ → 18頁

103 糖燒地瓜

材料（2人份）

地瓜…………½個（120g）
砂糖……………………1大匙
檸檬汁…………………½大匙

作法

1. 地瓜連皮切成厚1cm的圓片。
2. 將地瓜放進鍋裡，加入與食材等高的水，再加入砂糖和檸檬汁，開火，水煮15～20分鐘，待地瓜變軟。

和風　副菜

與食材等高的水 → 18頁

105 普羅旺斯燉菜

材料（2人份）

A
- 櫛瓜……½ 根（100g）
- 甜椒（紅・黃）……¼ 個 30g）
- 茄子……1 根（80g）

洋蔥……¼ 個（50g）
蒜頭……1 個
橄欖油……1 大匙

B
- 水煮番茄（整顆・罐頭）……½ 罐（200g）
- 高湯粉……1 小匙
- 番茄醬……1 大匙
- 月桂葉……1 片

鹽・胡椒……各少許

作法

❶ A 切滾刀塊，洋蔥切成月牙形。
❷ 用菜刀將蒜頭壓碎。
❸ 將橄欖油和蒜頭放入單柄鍋加熱，散發香味後，加入①炒。
❹ 所有食材過油加熱後，加入 B 煮 5 ～ 6 分鐘，水快要收乾時，加鹽、胡椒調味。

西式 副菜

壓碎蒜頭的方法？ → 77 頁

104 海藻寒天沙拉

材料（2人份）

鹿尾菜（乾燥）……10g
寒天棒……½ 根（4g）
甜椒（紅・黃）……¼ 個（30g）
法式沙拉醬（市售）……2 大匙
鹽……⅕小匙
粗粒胡椒……少許

作法

❶ 鹿尾菜泡水變軟。寒天棒泡水 15 分鐘，撕成細長條狀。甜椒切薄片。
❷ 用單柄鍋把水煮滾，汆燙鹿尾菜和甜椒，拌入法式沙拉醬。
❸ ②熱度散去後，加入寒天，再加進鹽、粗粒胡椒調味。

西式 副菜

鹿尾菜如何泡軟？ → 31 頁

106 通心粉沙拉

材料（2人份）

通心麵……50g
鹽……適量
蛋……1個
火腿……2片（40g）
紅蘿蔔……2cm（30g）
小黃瓜……¼根（25g）
鹽……少許
美乃滋……2大匙
鹽・胡椒……各少許

作法

❶ 水煮蛋煮好後切成粗末狀。
❷ 將火腿切成扇形。小黃瓜切成薄片，搓鹽，擰乾水分。
❸ 通心粉依包裝指示水煮。煮至時間剩下2～3分鐘時，加入切成扇形的紅蘿蔔，煮好後瀝乾水分。
❹ 準備大碗，放進蛋、②、③一起攪拌，再拌入美乃滋，加鹽、胡椒調味。

西式　副菜

小黃瓜的準備作業？ → 27頁

水煮蛋作法？ → 63頁

107 涼拌捲心菜

材料（2人份）

高麗菜……¼個（250g）
鹽……¼小匙
玉米（整顆・罐頭）……2大匙
A 美乃滋……1大匙
A 法式沙拉醬（市售）……1大匙
鹽・胡椒……各少許

作法

❶ 高麗菜切絲，撒鹽醃漬，變軟後擰乾水分。
❷ 玉米瀝乾水。
❸ 將A放進大碗拌勻，加入①和②一起攪拌，加鹽、胡椒調味。

西式　副菜

⑩⑧ 馬鈴薯沙拉

材料（2人份）

馬鈴薯…………2個（270g）
紅蘿蔔…………¼根（45g）
小黃瓜…………½根（50g）
鹽……………………………少許
火腿………………2片（40g）
A ┌ 法式沙拉醬（市售）
　│ ……………………………1大匙
　└ 美乃滋……………1大匙
鹽・胡椒……………各少許

作法

❶ 水煮馬鈴薯，趁熱時用擀麵棍壓碎，碎的程度依個人喜好調整。
❷ 紅蘿蔔切成扇形，汆燙2～3分鐘。小黃瓜切薄片，搓鹽後擰乾水分。火腿切成粗末狀。
❸ 將②加入①中，用A拌勻，加鹽、胡椒調味。

西式　副菜

馬鈴薯的水煮方法？ → 85頁

⑩⑨ 番茄沙拉

材料（2人份）

番茄……………1個（150g）
洋蔥……………⅛個（25g）
羅垃………………………1小匙
A ┌ 法式沙拉醬（市售）
　│ ……………………………2大匙
　└ 鹽・胡椒…………各少許

作法

❶ 番茄切成厚5mm的圓片，盛盤。
❷ 洋蔥和羅勒切末。
❸ ②和A放進大碗裡，拌勻，再擺在①上面。

西式　副菜

110 酪梨蛋沙拉

材料（2人份）

水煮蛋……2個
酪梨……1個（140g）
檸檬汁……½大匙
美乃滋……2大匙
鹽・胡椒……各少許

作法

❶ 將水煮蛋及酪梨切成1.5cm塊狀，淋上檸檬汁。
❷ 將①放進大碗裡，拌入美乃滋，加鹽、胡椒調味。

西式　副菜

水煮蛋作法？ → 63頁

111 糖漬紅蘿蔔

材料（2人份）

紅蘿蔔……1根（180g）
A ［奶油……1大匙
　 砂糖……2大匙

作法

❶ 紅蘿蔔切成厚7～8mm的圓片。
❷ 將①和等量的水放進單柄鍋裡，加入A，蓋上落蓋，以中火煮。煮滾後轉小火煮10～15分鐘，直到紅蘿蔔變軟為止。

西式　副菜

與食材等高的水？ → 18頁
何謂落蓋？ → 124頁

⑫ 墨西哥辣肉醬

材料(2人份)

水煮黃豆(罐頭) ⋯⋯ 1罐(100g)
牛絞肉 ⋯⋯ 150g
洋蔥 ⋯⋯ ¼個(40g)
沙拉油 ⋯⋯ ½大匙
A
- 水煮番茄(整顆・罐頭) ⋯⋯ ½罐(200g)
- 紅酒 ⋯⋯ ¼杯
- 番茄醬 ⋯⋯ 1大匙
- 月桂葉 ⋯⋯ 1片

鹽・胡椒 ⋯⋯ 各少許

作法

❶ 洋蔥切末。
❷ 將沙拉油倒入平底鍋加熱，拌炒洋蔥，變軟後加入牛絞肉，炒至變色。
❸ 加入黃豆、A，以中火煮15～20分鐘，煮到水分收乾，加鹽、胡椒調味。

西式 副菜

⑬ 南瓜濃湯

材料(2人份)

南瓜 ⋯⋯ 150g
A
- 水 ⋯⋯ ½杯
- 高湯粉 ⋯⋯ 1小匙

牛奶 ⋯⋯ 1杯
鹽 ⋯⋯ 少許

作法

❶ 南瓜帶皮切成扇形。
❷ 將①和A放進單柄鍋裡，蓋上鍋蓋，以小火煮約15～20分鐘，待南瓜煮軟後，用木勺或湯勺壓碎。
❸ 加入牛奶，以鹽調味。

西式 副菜

⑮ 蛤蜊巧達湯

材料（2人份）

蛤蜊（水煮・罐頭）……1罐（130g）

A
- 馬鈴薯……½個
- 紅蘿蔔……¼根
- 芹菜……½根
- 洋蔥……¼個

奶油……1大匙

麵粉……1大匙

B
- 牛奶……1杯
- 高湯粉……1小匙

鹽・粗粒胡椒……各少許

作法

1. 將蛤蜊肉和蛤蜊汁分開。
2. 蛤蜊的罐頭汁加水成1杯分量的高湯備用。
3. 將A切成1cm的正方形片狀。
4. 用單柄鍋加熱奶油，放入A炒2～3分鐘，炒軟後撒上麵粉，讓麵粉完全包裹食材。
5. 將②、B加入④中，以小火煮10～15分鐘，紅蘿蔔煮軟後，加入蛤蜊肉，以鹽調味，盛碗，再撒上粗粒黑胡椒。

西式　副菜

何為切成正方形片狀？ → 171頁

⑭ 玉米濃湯

材料（2人份）

玉米（奶油口味・罐頭）……1罐（230g）

牛奶……1杯

鹽・胡椒……少許

巴西里（切末）……少許

作法

1. 將玉米和牛奶倒進單柄鍋裡一起煮，煮滾後以胡椒調味，盛碗，撒上巴西里末。

西式　副菜

⑰ 辣炒蒟蒻荷蘭豆

材料（2人份）

荷蘭豆……1袋（20g）
蒟蒻……1片（250g）
辣椒……1根
香油……½大匙
A 酒……1大匙
A 魚露……1小匙
A 砂糖……1小匙

作法

❶ 荷蘭豆斜切，辣椒去籽，切成小口狀。用手將蒟蒻撕成一口大小，汆燙去澀味。
❷ 將香油和辣椒放入小平底鍋加熱，以大火翻炒蒟蒻5～6分鐘。水分蒸發後，加入A，再炒1～2分鐘，加入荷蘭豆，快炒後關火。

＊沒有魚露，就用醬油代替。

亞洲　副菜

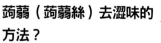

蒟蒻（蒟蒻絲）去澀味的方法？ → 39頁

⑯ 韓式豆腐鍋

材料（2人份）

嫩豆腐……1塊（300g）
豬里肌肉（薄片）……100g
長蔥……½根
韭菜……⅛束（10g）
香菇……1片
白菜泡菜……100g
蒜頭．薑……各½個
沙拉油……½大匙
高湯……2杯

作法

❶ 將豆腐切成4等分。豬肉切成寬4cm薄片。長蔥斜切成薄片，韭菜切成長4cm的段狀，香菇切薄片，白菜切大段。
❷ 蒜頭和薑切碎。
❸ 將沙拉油和②倒入雙柄鍋裡加熱，散發香味後加入豬肉，炒到肉變色，加入泡菜，再炒1～2分鐘。
❹ 加入高湯、豆腐、韭菜、蔥、香菇，煮10～15分鐘。

亞洲　副菜

⑲ 餛飩湯

材料（2人份）

長蔥……½根
香菇……2朵
竹筍（水煮）……30g
餛飩餡
- 豬絞肉……30g
- 薑（切末）……½塊
- 鹽・胡椒……少許

餛飩皮……10片
A
- 水……2杯
- 雞骨高湯粉……1小匙
- 蠔油醬……1小匙

醬油……少許

作法

❶長蔥斜切成薄片，香菇和竹筍切薄片。
❷使用大碗拌餛飩餡，將1/10餡料擺在一張餛飩皮的中間，麵皮四周沾水，對半折，包成三角形。
❸A倒進單柄鍋裡，加熱，汆燙①2～3分鐘。加入餛飩，等餛飩浮出水面，加醬油調味。
＊也可以買市售包好的餛飩。

亞洲　副菜

⑱ 拌三絲

材料（2人份）

冬粉……25g
火腿……2片（40g）
A
- 紅蘿蔔……⅛根（20g）
- 青椒……1個（30g）

B
- 西式黃芥末醬……½小匙
- 芝麻……½大匙
- 醬油……1大匙
- 醋……½大匙

作法

❶火腿切細絲。
❷將A切絲。
❸用單柄鍋把水煮滾，依包裝指示汆燙冬粉，再剪成長7～8cm條狀，汆燙②1～2分鐘。
❹將B材料倒進大碗裡，拌勻，再加入①和③一起攪拌。

亞洲　副菜

⑳ 中式蛤蜊湯

材料（2人份）

蛤蜊（帶殼）⋯⋯ 150g
薑⋯⋯ ½ 塊
木耳⋯⋯ 5 朵
韭菜⋯⋯ ⅛束
長蔥⋯⋯ ½ 根
A 水⋯⋯ 2 杯
A 雞骨高湯粉⋯⋯ ½ 小匙
薄口醬油⋯⋯ 1 小匙
香油⋯⋯ 1 小匙

作法

❶ 蛤蜊吐沙，洗淨。薑切絲。
❷ 木耳泡水，切掉硬的部分，再切成一口大小。韭菜切成長 3cm 段狀，長蔥斜切。
❸ 將 A 和薑絲放入單柄鍋加熱，加入蛤蜊煮滾，等蛤蜊開口後，加入②，再次煮滾後加入醬油調味，滴上香油。

亞洲　副菜

蛤蜊的吐沙方法？ → 47頁

121 埃及國王菜湯

材料（2人份）

埃及國王菜⋯⋯ ½ 束（50g）
玉米（顆粒・罐頭或冷凍）⋯⋯ 2 大匙
A 水⋯⋯ 1½ 杯
A 雞骨高湯粉⋯⋯ 1 小匙
B 醬油⋯⋯ ½ 小匙
B 鹽・胡椒⋯⋯ 各少許

作法

❶ 將埃及國王菜任意切碎。
❷ 將 A 放入單柄鍋加熱，加入①和玉米，再次煮滾後，以 B 調味。

亞洲　副菜

Step6

食材基本情報及事前準備

高麗菜・萵苣

可以生吃也可以加熱食用

基本情報

高麗菜

盛產期 ● 12月～3月（春季高麗菜是3～4月）

Check！ ● 葉子要緊密包覆，拿起來有重量為佳。春季高麗菜要選擇葉子捲度鬆且柔軟的。

保存方法 ● 在高麗菜芯上劃刀紋，鋪上沾濕的廚房紙巾，再用保鮮膜包住，放入塑膠袋中，放進冰箱冷藏，保存期約為2週。

萵苣

盛產期 ● 春季（3月左右）和夏季（7月左右）

Check！ ● 葉子捲度鬆，拿在手上輕盈者為佳。應選擇葉子清脆的。

保存方法 ● 同高麗菜，保存期4～5天。

切大段

先切葉子，將長度切成一致，再疊在一起，配合料理切成適當寬度的大段。基本寬度是1～1.5cm。

切絲

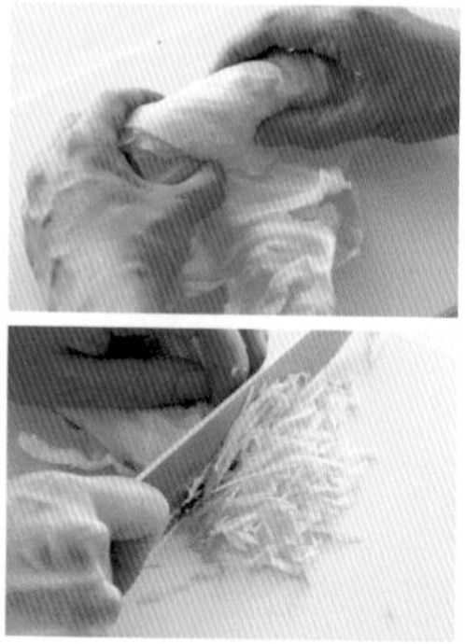

將葉子捲在一起，從邊緣開始切，盡量切細一點。切粗絲的話，寬度約為2～3mm。

保存時

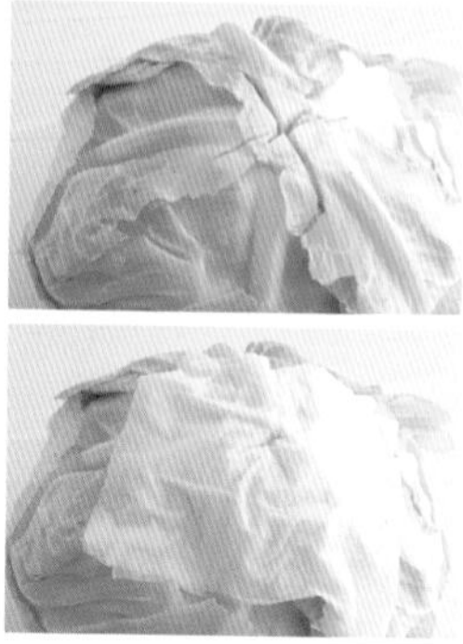

於高麗菜芯劃十字刀紋，鋪上沾濕紙巾，就可以保存久一點。

泡水

葉子軟爛時，泡水3～5分鐘就會變清脆。

用手撕

萵苣可以用手撕，撕成一口大小。

取芯

高麗菜芯連著葉子的話不方便切開，所以要先取芯。葉芯也要一起烹調時，先切碎備用。

紅蘿蔔・白蘿蔔

每天都會派上用場的常備蔬菜

使用削皮器

用削皮器削皮非常方便。也可以直接削片使用。

檢查芯部

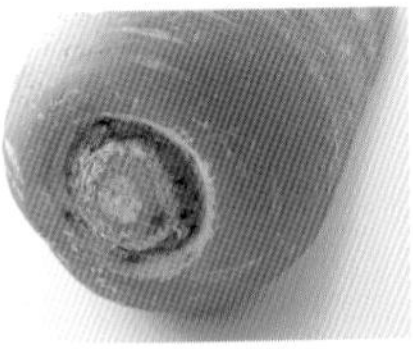

選擇芯小、無黑點的。

切絲

垂直擺放，盡量切薄片，然後疊在一起，從最邊緣開始切絲。粗絲的話，厚度約為 2 ～ 3mm。

切成長方形片狀

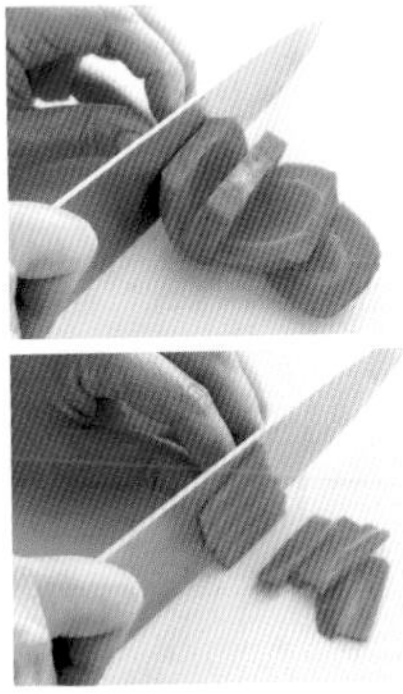

垂直擺放，切成寬 7 ～ 8mm 的圓片，再疊在一起，切成薄片。

切滾刀塊

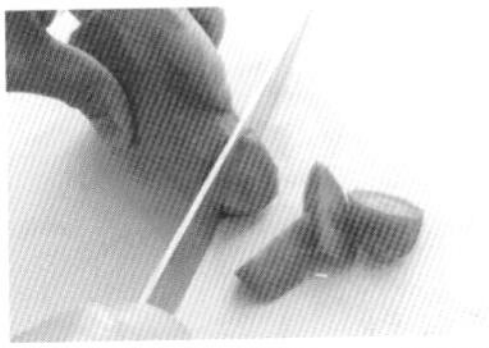

一邊轉動紅蘿蔔，一邊切成一口大小。

切成四方形片狀

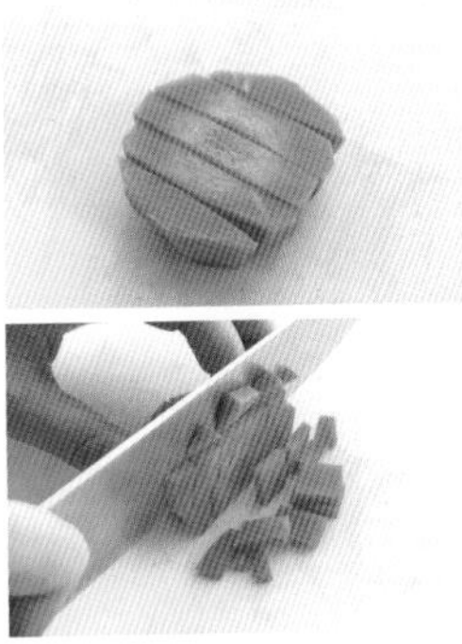

將寬 1cm 的圓片垂直排列，再橫向切成寬 1cm 的條狀，接著從右邊開始切片。

基本切法

從右邊開始依序是切圓片、切成半月形、切成扇形。圓片就是原本的形狀，半月形是對半縱切，扇形是對半縱切後，再對半切。

基本情報

紅蘿蔔

盛產期 ● 春季（4 ～ 5 月）和秋季（10 月）

Check ！ ● 芯小、沒有黑點為佳。紅色愈深表示紅蘿蔔素含量愈豐富。

保存方法 ● 用濕報紙包著，冬季置於陰暗場所，夏季要冷藏。切開的話，用保鮮膜包著，在 1 週內吃完。

白蘿蔔

盛產期 ● 10 ～ 2 月

Check ！ ● 拿起來有重量，莖部緊實者為佳。要選擇看起來鮮嫩多汁，整體有彈性的。

保存方法 ● 同紅蘿蔔。

番茄

富含茄黃素、最佳美容及健康食材

水滾剝皮

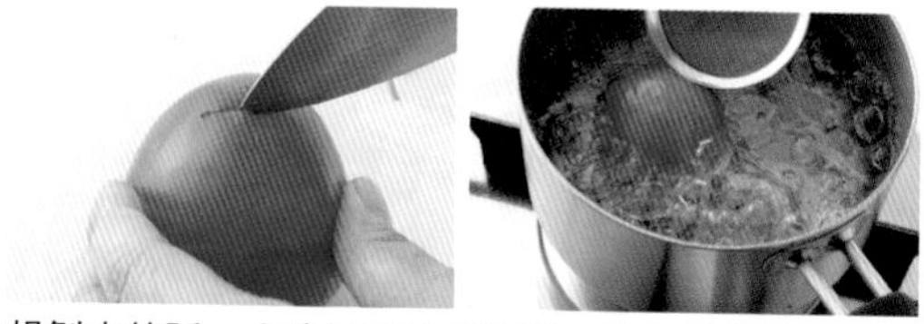

想剝皮的話，水滾剝皮法很簡單。先在番茄的底部劃十字刀紋，放進滾水煮 15 ～ 30 秒。也可以用筷子插著番茄，過一下瓦斯爐火，然後剝皮。

在表皮劃刀紋的話，煮的時候要撈浮沫，煮好後，將番茄放入裝了水的大碗裡，稍微冷卻後再剝皮。

去蒂

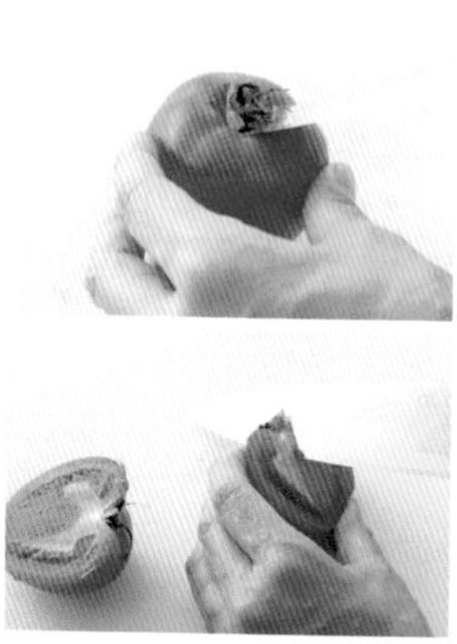

整顆使用時，插入菜刀刀尖，劃一圈除去蒂頭。對半切開時，菜刀從左右兩方向斜斜切入，劃三角形除去蒂頭。

切成1cm 塊狀

番茄垂直擺放，切成寬 1cm 片狀。然後再依直向、橫向，各切成寬 1cm 塊狀。

切圓片

直向切或橫向切皆可。避免切碎，請使用鋒利的菜刀。

切成月牙形

番茄對半切開，去蒂，再對半切，接著再對半切。

基本情報

番茄

盛產期	● 5 ～ 8 月（味道濃郁的成熟期是 9 ～ 10 月左右）
Check ！	● 拿在手上有重量感，蒂頭緊實青綠者為佳。
保存方法	● 有綠色部分，摸起來稍硬的未成熟番茄可常溫保存。全紅的成熟番茄應裝進塑膠袋裡，放冰箱冷藏，保存期為 1 至 2 週。

洋蔥

炒過以後更加鮮甜美味！

基本情報

洋蔥

盛產期 ● 春季（4～5月）和秋季（8～10月）

Check！ ● 形體圓、外皮乾、果肉硬且結實者為佳。避免選擇發芽或長根的洋蔥。春季盛產的新玉洋蔥比較不辣，生食也很美味。

保存方法 ● 放置於陽光照不到的地方，可以保存好幾個月。要避免有濕氣的場所。

切末

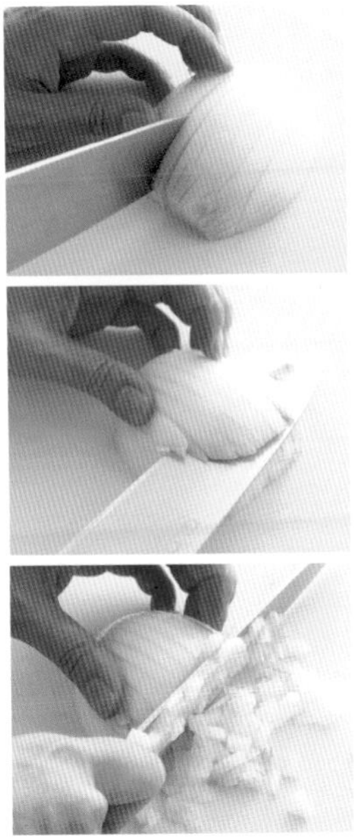

先對半縱切，根部朝上擺放，在不完全切斷的情況下縱向切寬 2～3mm 的條狀。再將洋蔥橫擺，由下往上橫剖。接著從最邊緣開始切寬 2～3mm 的小塊，最後再用菜刀切成細末。

切成月牙形

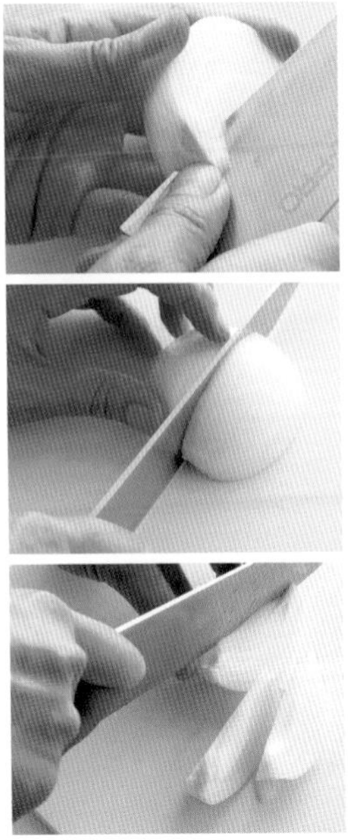

先對半縱切，切掉芯部，再對半切，接著再對半切。

剝除薄皮

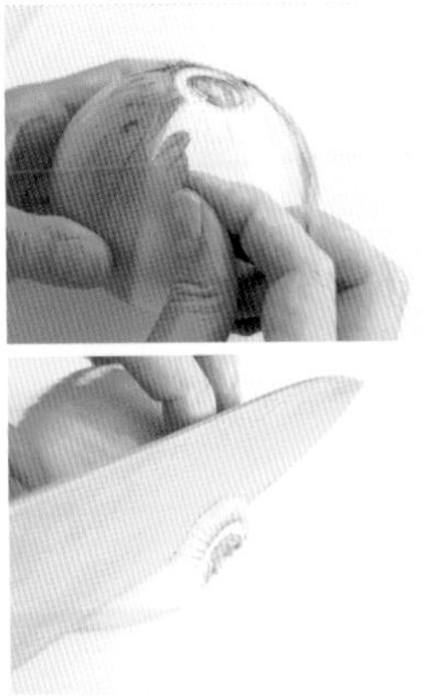

用手撕下淺咖啡色薄皮。切掉邊緣的咖啡色部分。

切薄片

先對半縱切，切掉芯部，再從最邊緣開始切薄片。

富含維生素 A、C、E 的
健康蔬菜

青椒

基本情報

盛產期 ● 6～8 月

Check！ ● 有綠色、紅色、黃色、橘色等各種種類，一般是指綠色的青椒。顏色多彩且肉厚者，乃是甜椒的同類。果肉厚、外皮富彈性有光澤者為佳。

保存方法 ● 除了夏天，都可以常溫保存。裝進塑膠袋裡，冰箱可冷藏保存 1 週。

切細絲

對半縱切，用刀腹輕壓。再依直向或橫向，從邊緣開始切絲。一般說來，較常縱向切絲。

去籽

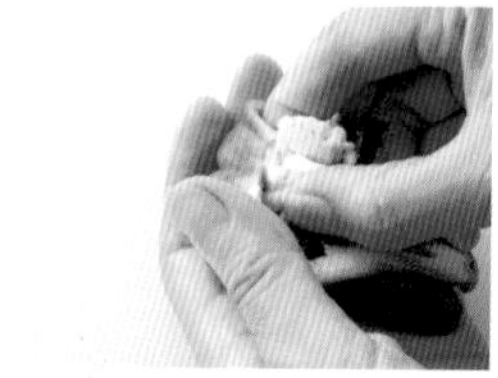

對半縱切，用手剝掉蒂頭，再去籽。

切滾刀塊

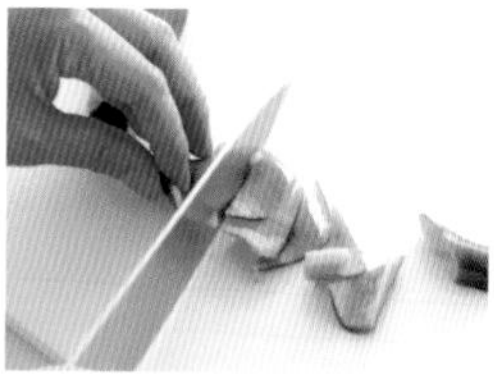

對半縱切，再切成一口大小。

與油脂相當契合的
夏季蔬菜

茄子

基本情報

盛產期 ● 7～9 月

Check！ ● 蒂頭緊實，表皮呈現深紫色，富彈性及光澤者為佳。秋季採收的茄子口味非常好，所以茄子又稱為「秋茄」。

保存方法 ● 用報紙緊緊包住，放冰箱冷藏。請在 2～3 天內吃完。

切好後馬上泡水，可以預防切口變色。

切滾刀塊

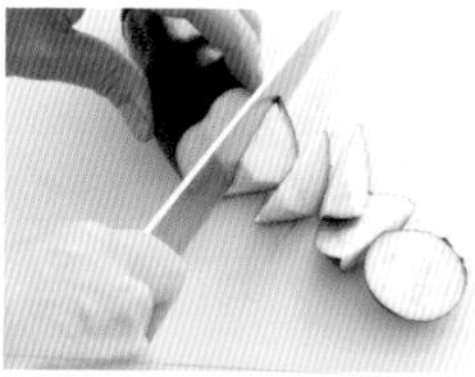

一邊轉動茄子，一邊切成一口大小。

切成半月形

先對半縱切，再從邊緣依所需厚度，切成半月形。

切掉花萼

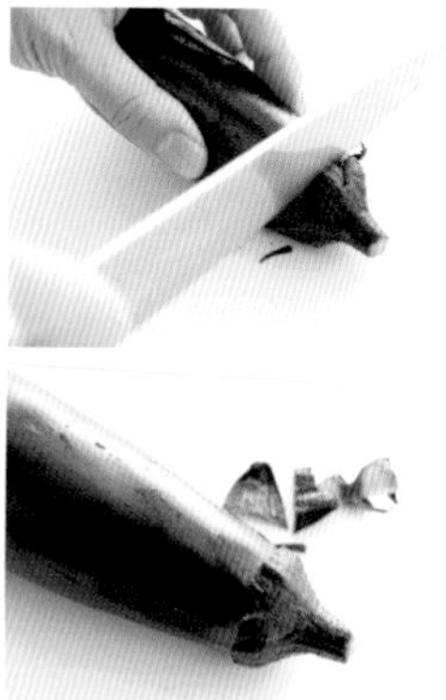

茄子整根燒烤時，先用菜刀劃一圈，切掉花萼。若是切滾刀塊、切成半月形或小段，上半部要全部切掉。

醋物料理和沙拉的最佳食材

小黃瓜

基本情報

盛產期 ● 6～8月

Check！ ● 顏色深綠，外皮有光澤、摸起來有明顯刺感（尖銳感）為佳。

保存方法 ● 放進塑膠袋裡，冷藏保存。請在2～3天內吃完。

斜切薄片

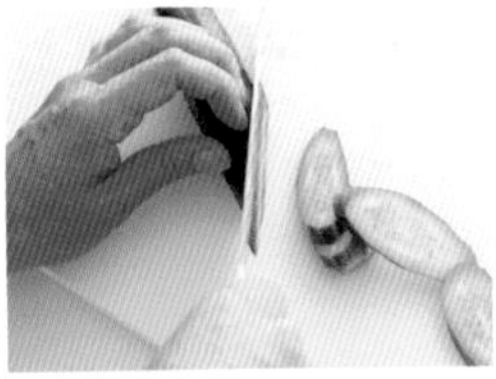

依相同厚度斜切成薄片。

切滾刀塊

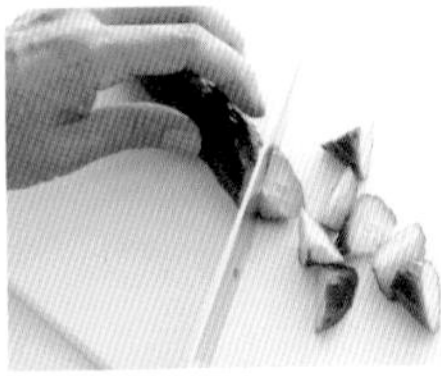

一邊滾動小黃瓜，一邊切成一口大小。

切絲

將斜切成薄片的小黃瓜疊在一起，從邊緣開始切絲。

切薄片

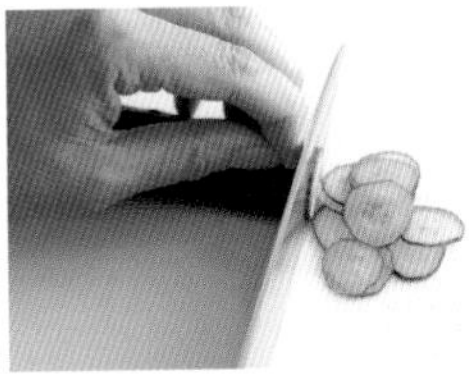

從邊緣開始切薄片。

板搓

撒鹽，將小黃瓜置於砧板上滾動，再用水洗淨。這個步驟可以去除細刺，讓小黃瓜調理時更容易入味，顏色也會更深綠。

菜莖和菜葉葉都可以吃

芹菜

基本情報

盛產期 ● 11～5月

Check！ ● 葉子清脆，莖部縱紋明顯者為佳。

保存方法 ● 包保鮮膜，放冰箱冷存，可保存1週。

切棒狀

莖部依所需長度切斷，再切成棒狀。將芹菜莖立起來切，比較容易處理。

切薄片

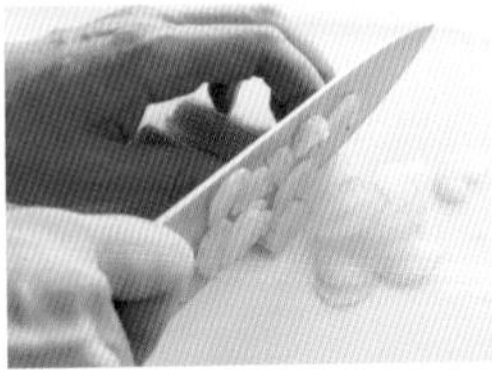

從邊緣開始，切成厚1～2mm的薄片。

切葉子

葉子切末，當作裝飾或增添香氣時使用。

斜切薄片

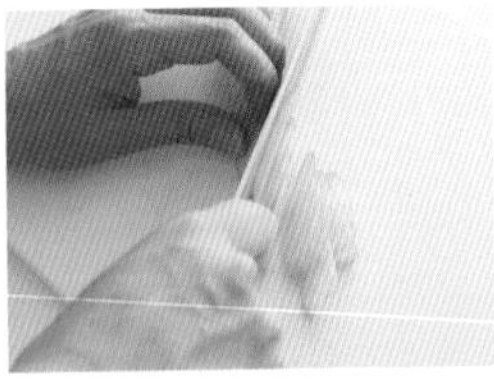

莖部縱向擺放，斜向切成薄片。

除筋

用菜刀從切口處拉筋，予以拔除。

生命力旺盛長得很健壯

綠蘆筍

基本情報

盛產期 ● 4～6月
Check！ ● 花穗緊實、整體呈現深綠色者為佳。
保存方法 ● 包保鮮膜，放冰箱冷藏，請在2～3天內吃完。

折根部

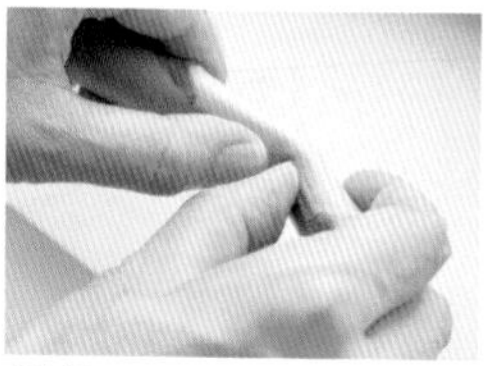

根部2～3cm較硬的部分要折掉。

剔除真葉

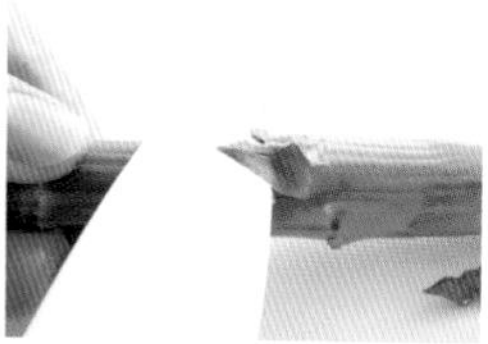

先削去根部的皮，再刨去真葉。真葉就是位於莖節部分的咖啡色薄皮。

微波爐加熱

蘆筍除了汆燙處理，還可以用微波爐蒸熟。先灑水，再包保鮮膜，放進微波爐加熱1～1.5分鐘。

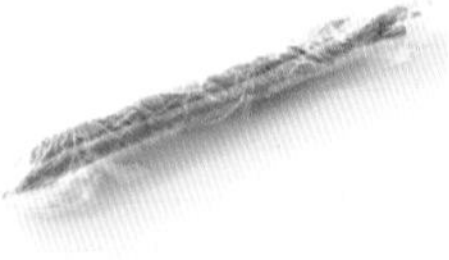

斜切薄片

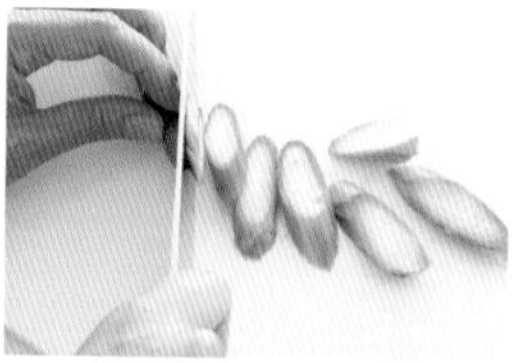

從根部開始，斜斜向下刀，切成薄片。

切成長3cm段狀

從根部開始，依所需長度切段。

冬天的白菜甘甜濃郁

白菜

基本情報

盛產期 ● 11～2月
Check！ ● 外葉呈現深綠色、內側黃色鮮明者為佳。選擇葉密、拿起來有沉重感的。
保存方法 ● 包報紙，冰箱冷藏，可保存約1週。

切菜葉

切大段的標準 先對半縱切，再疊在一起切成大段。

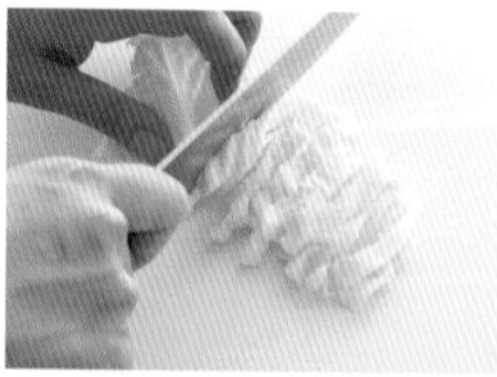

切細絲的標準 先對半縱切，再疊在一起切細絲。

切莖部

先切下莖部。

縱向切細絲（比較容易加熱煮熟）。

橫向切細絲（口感較好）。

削切

葉子對半縱切，菜刀斜斜切入，切成寬1.5cm的片狀。

具有防癌效果

青花椰菜

切成小朵

先切掉莖部，花苞部分切成小朵狀。較大朵請切成與小朵相似的尺寸。放進裝了水的大碗裡，洗去髒污。

基本情報

盛產期 ● 11～3月

Check！ ● 深綠色、花苞（綠色部分）緊實者為佳。避免選擇已經開花、顏色呈黃色者。

保存方法 ● 包保鮮膜，冷藏保存。擺放的時候莖部朝下，可保存4～5天。沒用完的話，剩下的部分切成小朵，汆燙後冷凍保存。

莖部也能食用

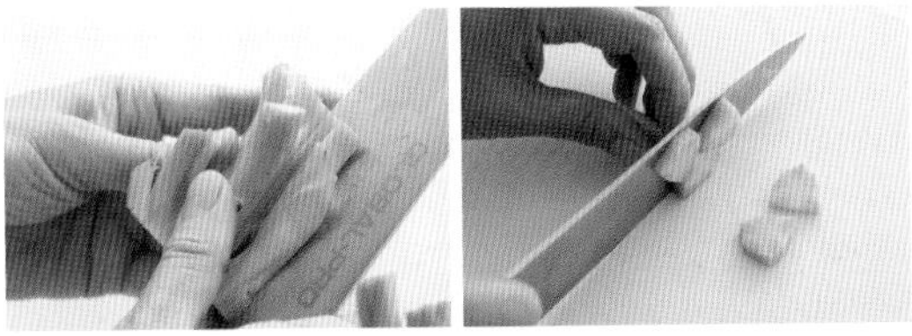

莖部營養豐富，也相當美味。先削掉一層厚皮，再切成適當大小。

春天採收的新鮮馬鈴薯口感鬆綿！

馬鈴薯

基本情報

盛產期 ● 春季（4～6月）和8～9月

Check！ ● 外表極度凹凸不平、沒有發芽、外皮沒有乾癟者為佳。

保存方法 ● 包報紙，置於陰暗處保存，可保存1個月。

切成8等分

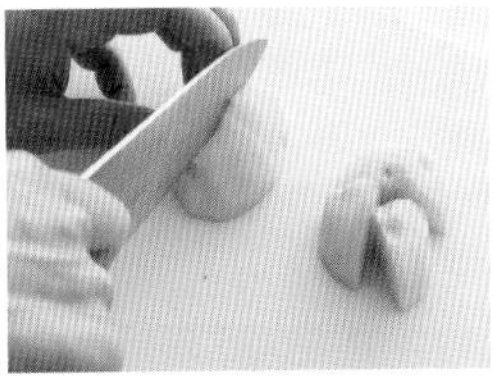

切成4等分後，再對半切。

切成4等分

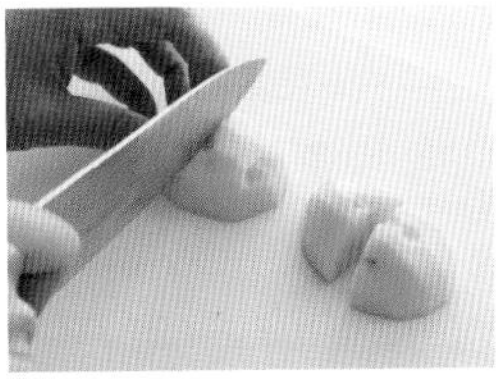

削皮，對半切，再對半切。適合用在燉煮料理的切法。

切成正方形片狀

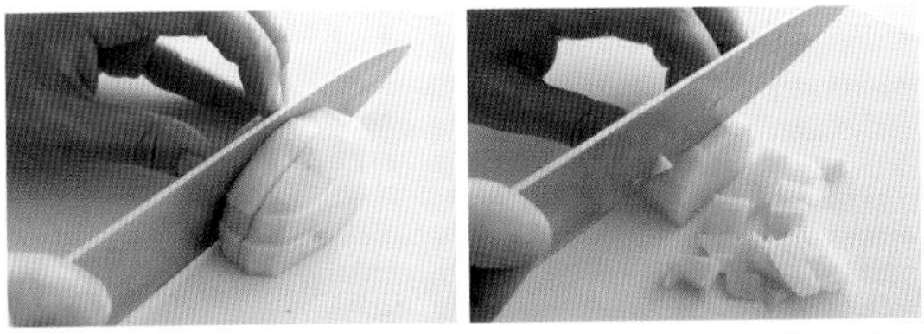

對半切，由下往上橫剖成寬1cm的厚片，再縱切成寬1cm的條狀。橫向擺放，薄切成片。

冷水煮

根菜類要用冷水煮。削皮後切成4等分，跟冷水一起煮，煮滾後再煮15～20分鐘。

剔去芽眼

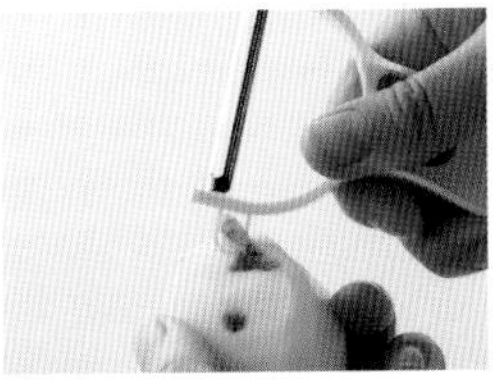

使用削皮器、菜刀刀尖剔除芽眼。

微波爐加熱

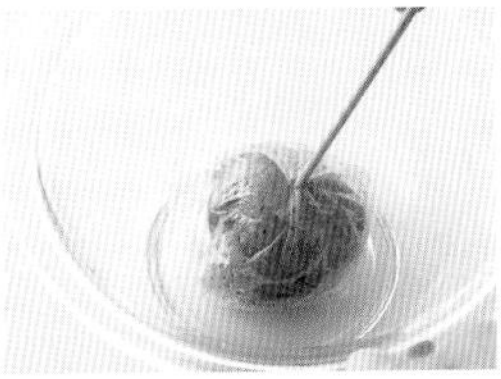

連皮洗淨，擦乾水分，包保鮮膜，以微波爐加熱。1顆馬鈴薯的加熱時間約為3分鐘，竹籤刺得過去就表示熟透了。

黏稠成分就是膳食纖維。
可以改善便秘問題

里芋

基本情報

盛產期 ● 8～11 月

Check！ ● 沾附泥土、摸起來緊實者為佳。8 月也會有剛採收的里芋上市。

保存方法 ● 泥土不要去除，直接包報紙，置於陰暗處保存，期限約為 1 個月。

切成適當大小

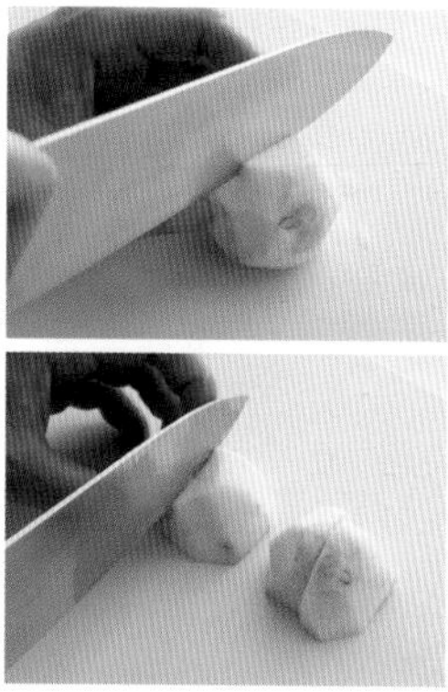

小顆里芋對半切，大顆里芋切成 4 等分。

去除黏液

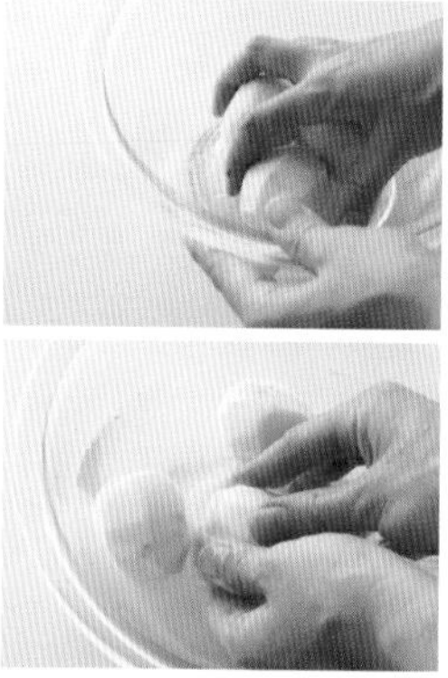

抹鹽、搓揉，用水沖洗，去除黏液。

削皮

先切掉頂部和底部，可以縱向削皮，皮要削厚一點。

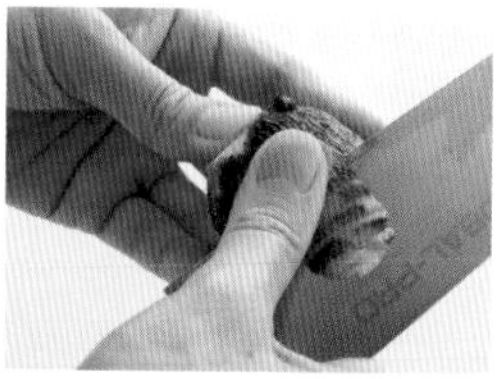

炒蓮藕口感鮮脆
燉煮蓮藕口感鬆綿

蓮藕

基本情報

盛產期 ● 6～11 月

Check～ ● 11 月左右採收的口感最佳。選擇沾附泥土，切口不是呈黑色的蓮藕。9～10 個孔洞均等排列者為佳。

保存方法 ● 包報紙，放冰箱冷藏。沒有切開的話，可以保存 1 週。

切滾刀塊

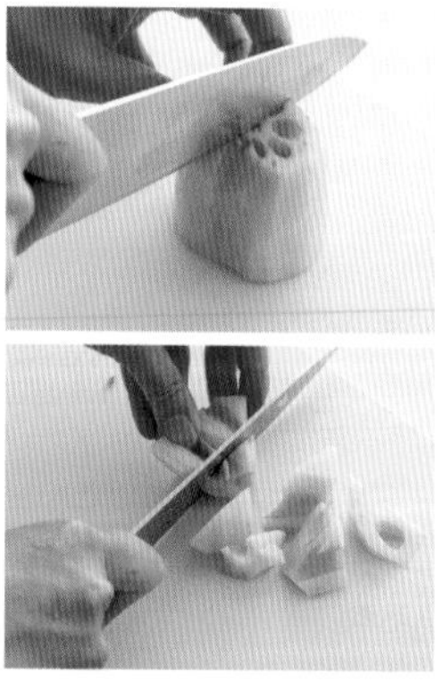

先對半縱切，再滾動蓮藕，切成一口大小。

削皮

削去一層薄皮，用削皮器比較方便作業。

切薄片

切圓片時，就是採取這種刀法。切半月形時，先對半縱切，再切薄片。

切好後泡水，可預防切口變色。

放置一段時間更加鮮甜

南瓜

基本情報

盛產期 ● 6～8 月
Check！ ● 採收期是夏季，但是南瓜放置愈久愈甜。過了秋天正是食用的最佳時機。拿在手上有沉重感，切口內部顏色深濃者為佳。
保存方法 ● 除去內膜，包保鮮膜，冷藏保存，期限是 1 週。

切成扇形

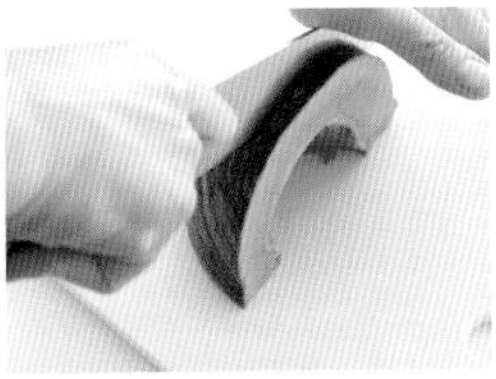

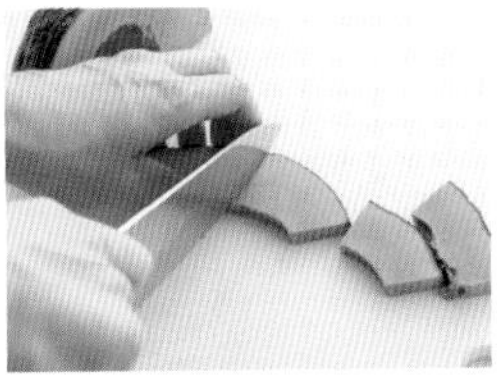

將平坦的那一面置於砧板上，予以固定。切成寬 5～8mm 的條狀，再切成寬 2～3cm 的塊狀。

切成一口大小

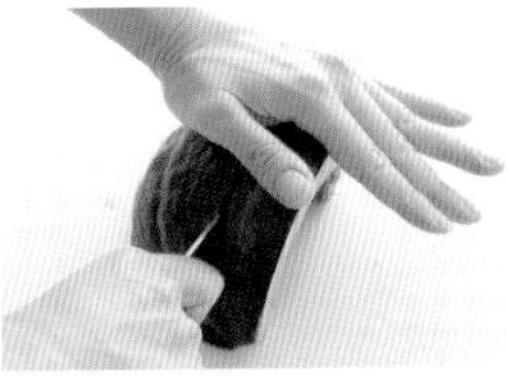

將平坦的那一面置於砧板上，予以固定。再切成寬 1.5～2cm 的條狀，然後橫放，切成寬 1.5～2cm 的塊狀。

滷煮南瓜時，所有的邊角都要修圓，才不會煮爛（照片中靠近姆指的部分）。部分的外皮要削掉。

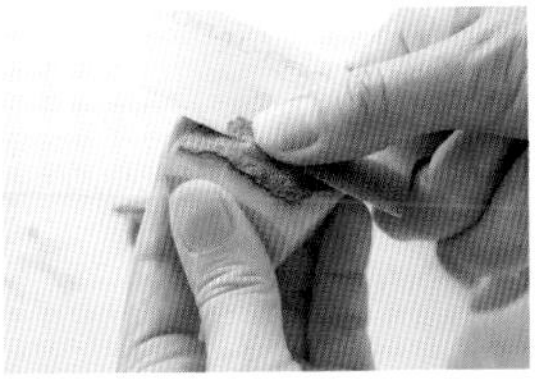

去除內膜

用湯匙去籽、除去內膜。

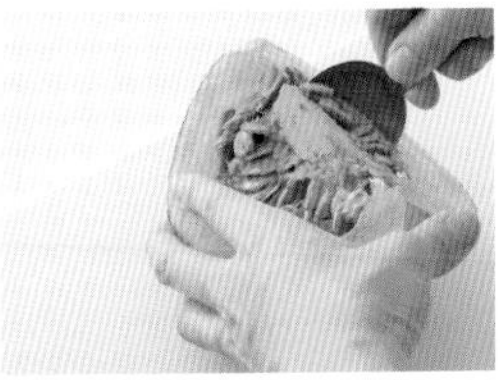

其形狀有綿延長壽的意涵
寓意吉祥的蔬菜

牛蒡

基本情報

盛產期 ● 5～6 月和 11～12 月
Check！ ● 柔軟的新品種牛蒡是指 5～6 月採收的品種。直徑約為 2cm、不會太粗、沾附泥土者為佳。
保存方法 ● 泥土不要去除，直接包報紙，置於陰暗處保存。如果洗掉泥土，要包保鮮膜，放進冰箱冷藏，期限約為 1 週。

斜削成薄片

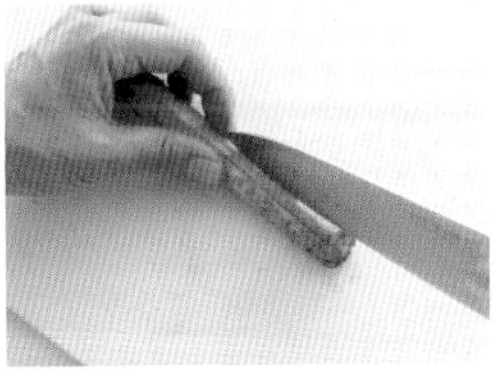

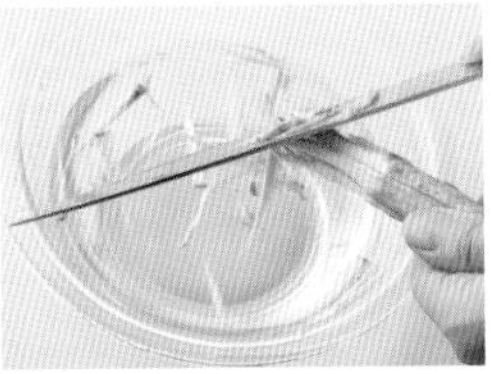

先於根部劃十字刀紋，一邊轉動牛蒡，一邊用菜刀削切。

切絲

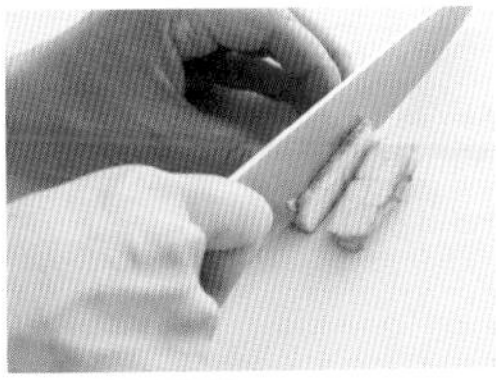

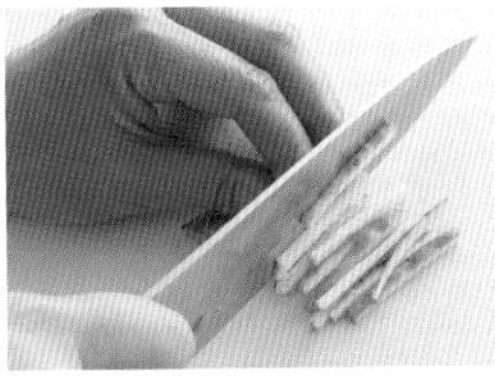

先切成適當長度的段狀，再縱切成片狀，然後疊在一起，切成細絲。

削皮

用菜刀削皮。新品種牛蒡可用棕刷去皮。

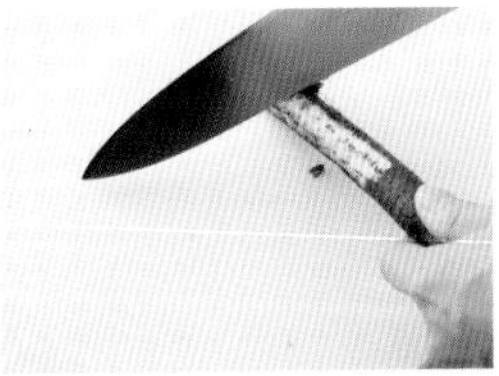

切好後泡水，預防切口變色。

青菜（葉菜類）

涼拌菜、味噌湯、炒菜、燉煮都OK！

菠菜、小松菜、水菜、鴨兒芹等綠色葉菜用途很廣。

切掉根部

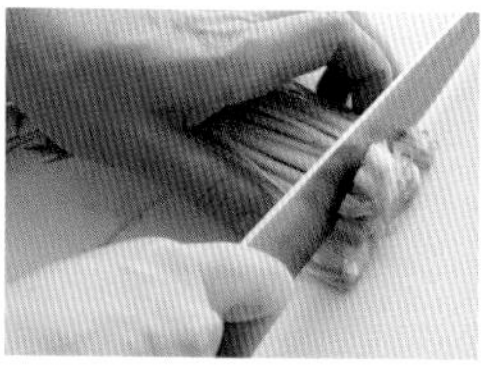
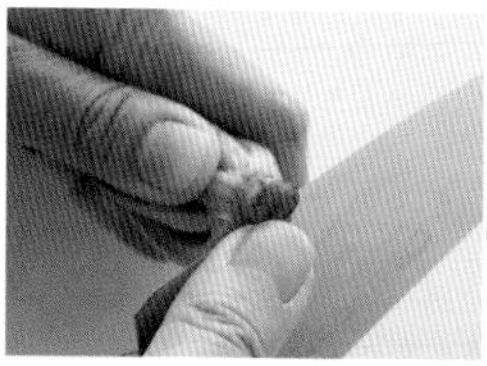

水菜、鴨兒芹、小松菜等要切掉根部。菠菜根部紅色部分很營養，這部分要保留，只切掉根部。

清洗根部

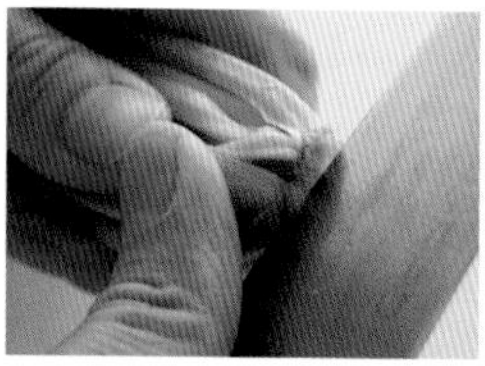

根部切掉後，將切口部分泡在裝了水的大碗裡，以流水沖洗。菠菜根部會沾附泥巴，先劃十字刀紋，再泡水甩洗。

瀝水

做成沙拉或生食時，一定要完全瀝乾水分。可以使用市售瀝水器，也可以用廚房紙巾拭乾水。

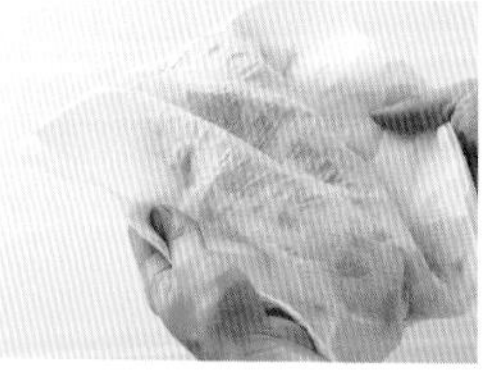

先用手甩掉水分，再用紙巾包著，雙手上下甩，甩掉水氣。

切成長 3cm 段狀

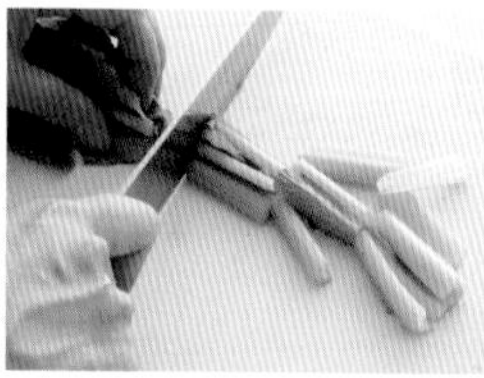

莖部切成長 3cm 的段狀，或依食譜指示的長度切段。

葉子的長度要比莖部短。加熱時，莖的部分比較不容易煮軟，葉子很快就會變軟，所以葉子要切大段。

汆燙

先將根部放進加了鹽的滾水裡，10 秒鐘後，再放進葉子部分，再煮約 20 秒。

時間到了，趕緊撈起，置於裝了水的大碗裡。這個步驟可以保持蔬菜美麗的鮮綠色。冷卻後，用手擰乾水分。

依長度對半切，疊在一起，切成適當大小。

中西料理不可或缺的畫龍點睛食材

香味蔬菜

香味蔬菜
是會散發香氣的蔬菜類總稱
料理有了蔥薑蒜的點綴
會更具香氣、口感也會更迷人
其日文別名為藥味蔬菜

蒜頭

雖然味道很嗆，卻可以提升料理的美味，有卓越的滋養強身效果。

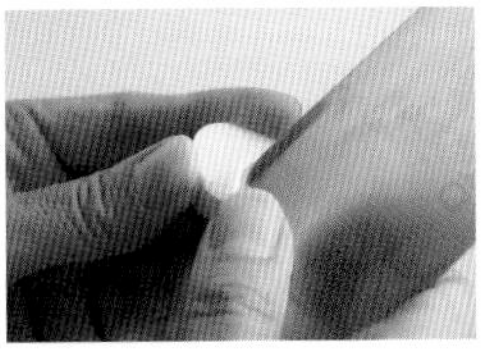

用手剝皮，對半切，再用菜刀的刀刃底部去除蒜芽。

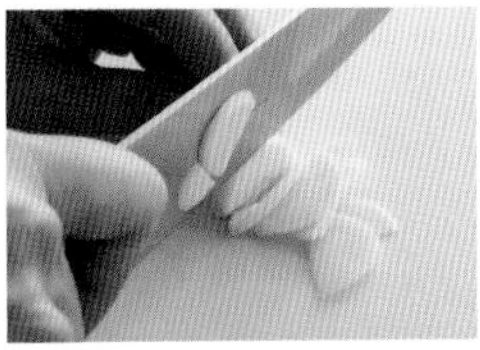

切薄片時，盡量切薄一點。

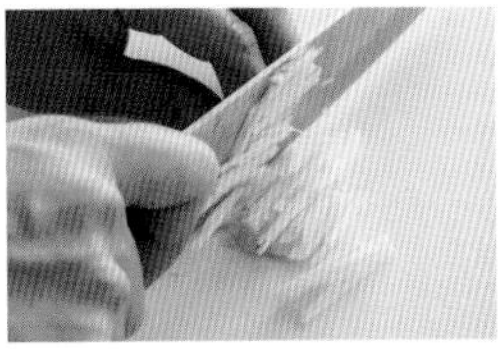

切末時，先切成薄片，疊在一起切絲，然後橫擺，切成細末。

薑

氣味獨特，卻散發出一股清香和辣味。可以消除肉類和魚類的腥臭味。

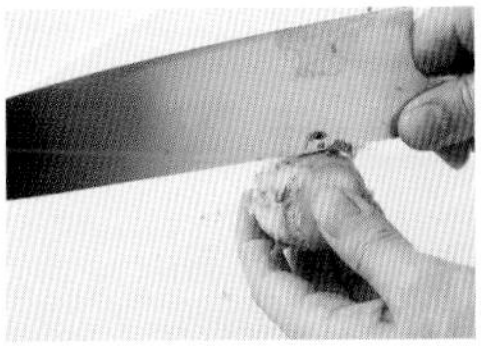

薑有益健康的成分都在薑皮裡。用菜刀稍微削皮，不要整個削掉。如果是無農藥的有機薑，可以連皮一起吃。

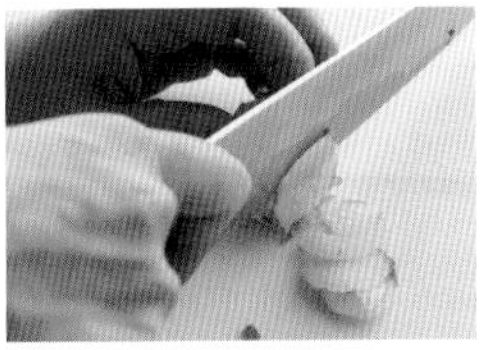

切薄片時，盡量切薄一點。

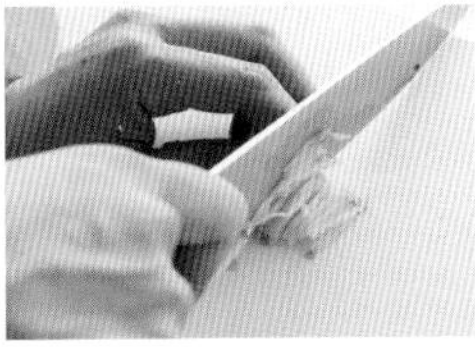

切成薄片，疊在一起切絲，然後泡水，這就是料理用的「薑絲」。

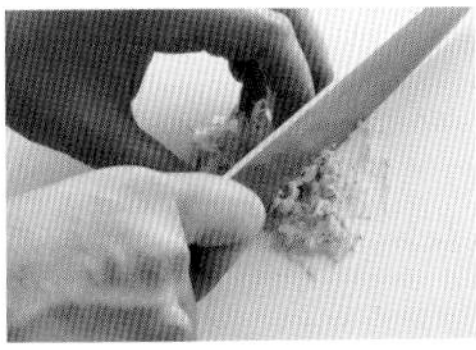

切末時，先切絲，然後橫擺，切成細末。

長蔥（白髮蔥）

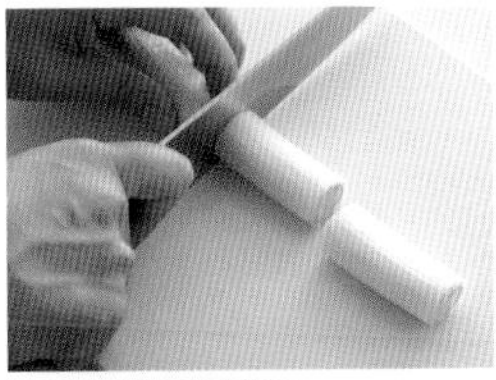

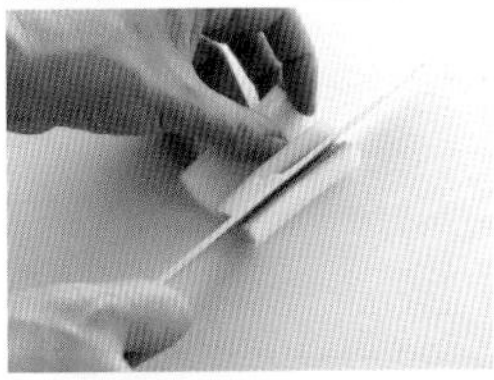

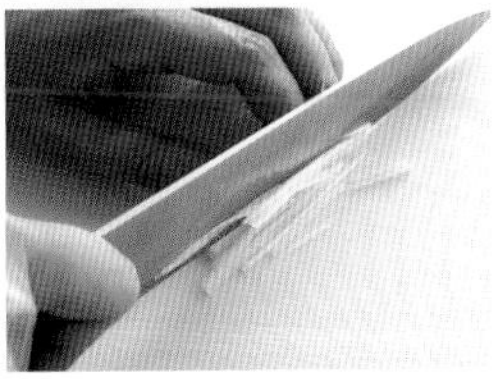

蔥白部分切成長4～5cm段狀。接著縱向劃刀紋，剝開白色部分，取出綠色部分。將白色部分置於砧板上，從邊緣開始切絲，切好後泡水5分鐘，瀝去水分。

長蔥（切末）

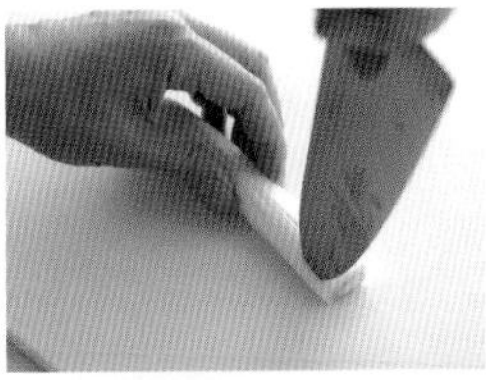

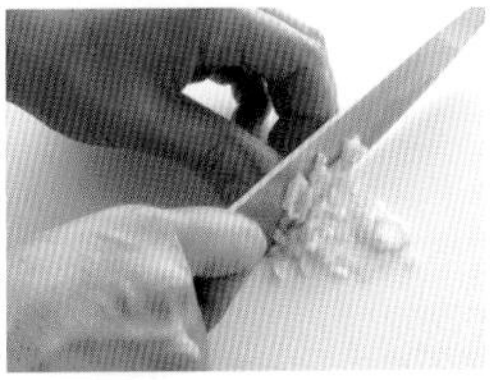

根部直線劃刀紋（切小段時，要多劃幾條）。從邊緣開始切薄片。最後用左手固定菜刀刀尖，右手垂直向下，切成細末狀。

菇類

富含膳食纖維的健康食材

水洗的話，香氣會流失，口感也會變差。現在的菇類幾乎都是人工栽培，不會沾到泥巴或髒污，不用水洗也ＯＫ！

鮮香菇

鮮度容易流失，盡早使用完畢。

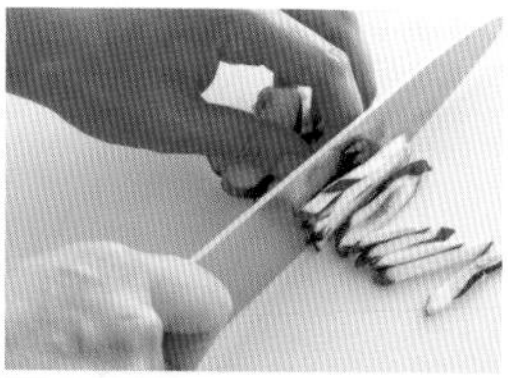

切末時，先切成薄片，然後疊在一起切絲，再橫擺切成細末。

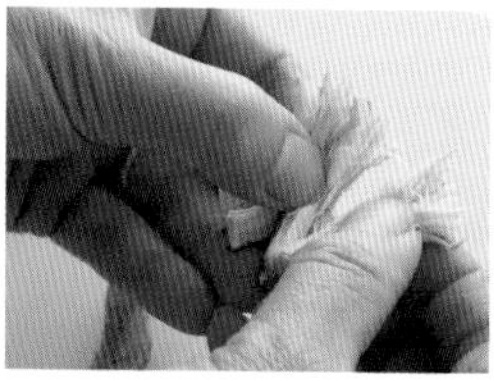

菇柄也能吃。先用手撕開，再切成適當大小。

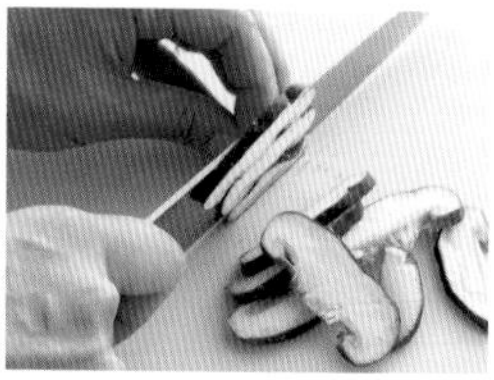

菌傘部分通常是切成薄片。

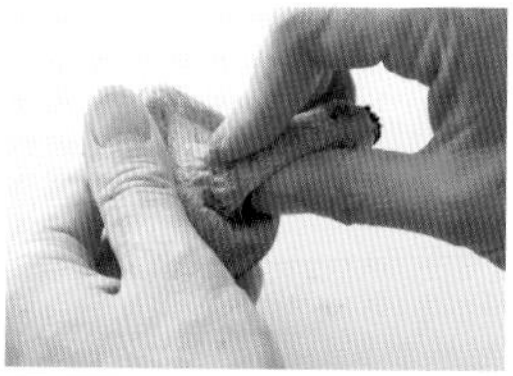

手抓著菇柄、扭轉，就可以拔除。菇柄根部的咖啡色部分要切掉。

杏鮑菇

口感略硬，非常適合熱炒料理。

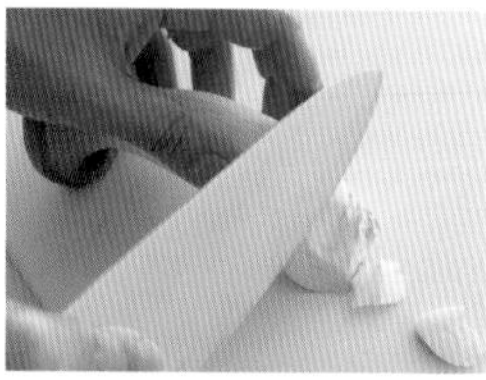

削除根部咖啡色部分。顏色漂亮者，不必切掉，可以直接使用。

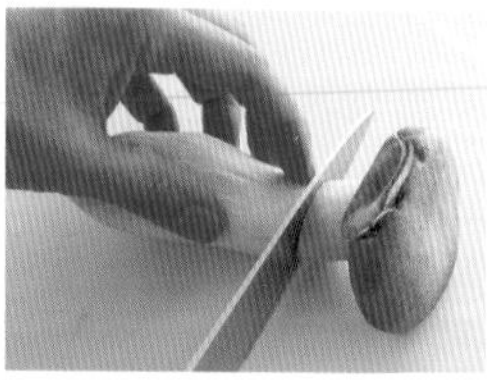

菌傘和菇柄部分切開。

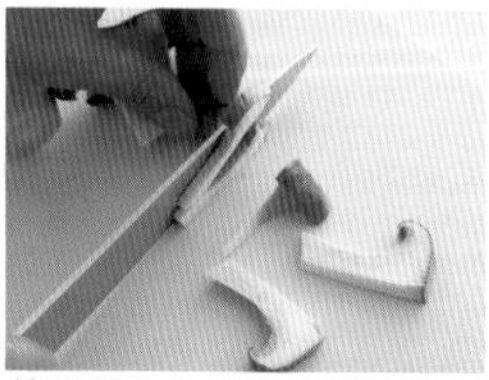

依長度、厚度切成適當大小。

鴻喜菇

又稱為「美味鴻喜菇」，堪稱是菇類的美味代表。

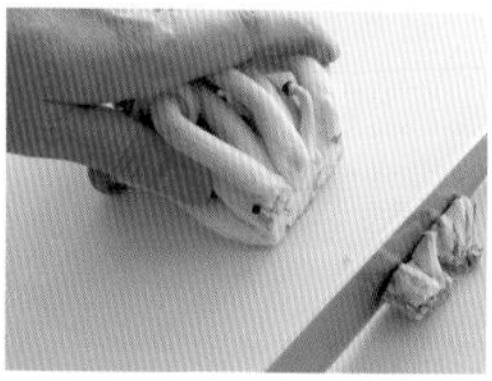

切掉根部。不要切到底，避免整個散開。

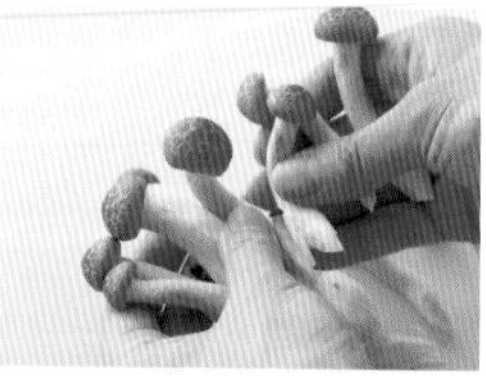

用手剝開根部。菌傘很大的話，就一朵朵撕開；如果菌傘較小，以２～３朵為間隔撕開即可。

金針菇

沒有怪味，也沒有獨特口感，任何料理都適合。

切掉根部。用菜刀切掉咖啡色部分，再用手剝除在意的部位。

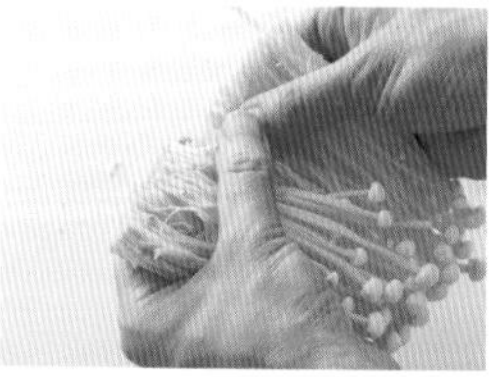

用手剝開根部。不需要逐根撕開，數根成束地撕開即可。

海藻類

日本人從繩文時代開始吃海藻類

在四面環海的日本地區 海藻類與稻米、蔬菜並列為重要的食材

乾燥海帶芽

因為乾燥處理，保存期長。

家裡如果有切成適當大小的乾燥海帶芽常備貨，真的是省事不少。泡水過，分量會增加8～10倍（見上圖）。煮味噌湯時，不必泡軟，直接放進湯裡即可。

昆布

可以熬高湯，也可以直接食用。

昆布表面的白粉是美味關鍵。不要洗掉，用廚房紙巾或乾布擦掉髒污。

最近也有市售鮮切昆布，非常適合燉煮或涼拌沙拉。

鹽藏海帶芽

用鹽醃漬，保存期更長。

開封後，保存期限為10天至2週。就算泡水，分量也不會變多。

先泡水，洗去多餘鹽分，再用裝了水的大碗泡5分鐘。

水雲

市售品都是經過調味的商品。

市售品都是調味食品，可以直接食用。如果是鹽藏水雲，要擺在網勺上，以流水沖洗。

鹿尾菜

顏色愈黑品質愈好。家裡最好常備鹿尾菜乾貨。

泡水15分鐘後變軟。分量會增加2～3倍，重量會增加5～6倍。

將乾燥的鹿尾菜放進大碗裡，加入大量的水。泡軟後，置於網勺上瀝水。如果是莖部也可以吃的「長鹿尾菜」，應再切成適當長度的段狀。

專欄

海藻所含的褐藻醣膠的功效

海藻類富含水溶性膳食纖維「褐藻醣膠」。除了可以改善便秘，還有抗癌、提升免疫力的效果，最近海藻的保健效用備受矚目。

水雲和鹿尾菜富含可以改善貧血症狀的鐵、強健骨骼的鈣、鎂成分。年輕女性在這些營養成分上容易攝取不足，平常應該多吃水雲或鹿尾菜。

肉類部位

瞭解各部位口感和口味的差異

牛　肉

牛腿肉和牛腹脅（牛腩）的價位平易近人。有許多油花分布的肋眼肉、沙朗、菲力價位高，適合做成牛排。肩胛肉和牛腱適合燉煮。

豬　肉

肩胛肉適合燉煮，梅花肉和五花肉適合燒烤。腿肉脂肪少，口感清新。里肌肉和小里肌肉質柔軟，適合做成炸豬排或煎豬排。

雞　肉

雞腿翅脂肪多，口感佳。雞腿肉柔軟多汁，各種料理都適合。去皮的雞胸肉或雞里肌脂肪少，非常適合正在減肥的人。

成為廚藝高手必學訣竅｜之8

微波爐、烤箱的使用方法

可以使用微波爐或烤箱調理的料理非常多，奶油焗烤、焗飯、鋁箔紙燒烤料理等等都適合。可是，如果方法錯誤，會非常糟糕！介紹基本使用重點，請務必牢記！

製造廠商不同，用法也會有所差異。務必詳閱說明書，仔細確認。

烤箱的使用方法

特徵

- 烤箱依功能可以分為微波爐烤箱、一般烤箱2種。
- 微波爐烤箱可以烤牛肉、做奶油焗烤、焗飯、麵包、布丁。
- 一般烤箱除了能烤吐司，也可以製作焗烤、披薩及部分糕點烘焙。
- 內部溫度固定，透過對流熱包覆食物，予以加熱。

加熱溫度・時間

- 為了保持固定的內部溫度，加熱時盡量少開門。
- 食譜的加熱時間只是概略標準。機器功能或製造廠商不同，加熱時間會有所差異。而且烤好的顏色也是依個人喜好，請用目測判斷是否加熱完成。
- 加熱完畢後馬上取出食物。如果一直放著，沒拿出來，內部的餘熱恐怕會讓食物加熱過度。

微波爐使用方法

特徵

- 利用名為微波的電磁波幫食物加熱。
- 食物的表面和內部會同時加熱。
- 加熱時間因食物重量而有所不同。也會因室溫、容器種類或大小的不同而有所差異，剛開始設定在短時間，再慢慢加長。
- 家庭用微波爐的電力以500瓦和600瓦為主流。

保鮮膜使用方法

- 燉煮料理或咖哩、燴飯加熱時要包保鮮膜。
- 加熱油炸、燒烤類食物、飲品時不要包保鮮膜。
- 原則上不要使用鋁箔紙。

注意重點

- 香腸、鱈魚、魚類等，未加處理直接加熱的話，會爆開，加熱前請在表皮劃刀紋。
- 蛋不能使用微波爐加熱。生蛋當然不行，已剝殼的水煮蛋、荷包蛋再用微波爐加熱的話，蛋黃會爆開。
- 栗子等有殼的食物也不能用微波爐加熱。

專欄　**微波爐或烤箱適用的容器**

因為內部溫度高，有的容器不適用。如果是耐熱的玻璃容器，微波爐和烤箱都適用。耐熱（140℃以上）塑膠容器可用於微波爐。不過，多糖或多油的料理溫度會變得很高，最好不要使用塑膠容器加熱。厚燒的簡單陶瓷容器適用於微波爐和烤箱，但是容易產生裂痕、鍍金箔或銀箔、內側是彩色或裝飾設計的陶瓷容器不適合。

高湯（P15）

熬煮昆布或柴魚片，或將昆布、柴魚片泡水，所粹取的湯汁。高湯是和風料理的基本食材。

大量的水（P18）

高度比食材還高的水（煮汁）。

中火（P18）

火燄似乎快要覆蓋鍋子或平底鍋的鍋底，但又沒有碰到的狀態。

大火（P18）

火燄覆蓋鍋子或平底鍋底部的狀態。

入味

調味料或油滲入所有食材裡。

熬煮

以小火長時間燉煮，讓食材入味。

煮滾

以大火煮滷汁（水）讓表面出現泡泡的沸騰狀態。

肉餡（P51）

餡料就是指事前要準備好的材料。除了絞肉，還會加入其他食材。

肉變色

加熱後，肉的顏色變成褐色的狀態。

盤子（P13）

淺底的方盤。

切成半月形（P171、P174）

切成圓片，再對半切的狀態。

削皮器（P13）

可以削皮，也可削薄片，相當便利的廚房用具。

拔鬚根（P49）

用手拔去豆芽菜的根（像線一樣的纖細部分）。

與食材等高的水（P18）

水（煮汁）跟最高的食材等高的水量。

煮一下

加溫食材的意思。

切成條形（P101）

切成寬 1cm× 長 4 ～ 5cm 的條狀。

切小段

不拘泥於形狀，切成適當大小。

甩洗（P23、P180）

材料放進水中，用手甩洗。

淋

畫大圓般淋入調味料，所有食材都要淋到。

瀝水（P43、P180）

除去食材上沾附的水分。可以放在網勺上瀝乾或用廚房紙巾包著。

太白粉水（P111）

用與太白粉等量的水溶解太白粉，勾芡時使用。

泡水

將切好的食材泡水，可以去除澀液，讓食材更清脆。

蒸架（P14、P37）

置於鍋底，作蒸籠使用的器具。

擀麵棍（P14）

把麵糰展開的工具。

烤出焦痕

在食材表面烤出焦痕。

藥味（P181）

香味蔬菜的總稱。

打蛋（P35）

把蛋敲破，倒出蛋白和蛋黃，攪拌均勻。

餘熱

熄火後，殘留於鍋底或平底鍋底的熱度。可以利用餘熱讓食材更軟嫩。

小火（P18）

火燄不會覆蓋鍋子或平底鍋底部的狀態。

切滾刀塊（P171、174、175、178）

一邊轉動食材，一邊不規則斜切。

必須學會的基本料理用語

拌醬（P22）
攪拌材料，讓其入味的綜合調味料。

拌（P23）
將拌醬加入材料裡，攪拌入味的意思。

撈浮沫（P124）
燉煮或汆燙時，撈除浮出於表面的泡沫（浮沫會讓料理口感變苦或變澀）。

調味
最後用舌頭嚐味道，再加入調味料，調整味道。

去油（P31）
豆皮、油豆腐等油炸食材，用熱開水淋，除去表面的油分。

過油
讓所有食材都沾油。

焙烤程度
稍微烤一下，讓表面加溫。

冷卻
從剛加熱後的溫度降到可以用手摸的溫度。

綜合調味料
多種調味料混合而成。

板搓（P175）
目的是除去小黃瓜的細刺或秋葵的絨毛，讓食材顏色更鮮綠的事前準備步驟。

1杯（P13）
通常是指200ml，米1杯（1合）是180ml。

落蓋（P45、P78、P124）
燉煮食物時，直接蓋住食材的蓋子。目的在預防食物煮爛，讓煮汁可以完整燉煮所有食材。

重石（P133、P137）
去除豆腐內水分的工具。可用有重量的平盤代替。

散發香味
加熱蒜頭或薑等香味蔬菜，釋放出香味的狀態。

蓋過食材的水量（P18）
水（煮汁）的高度比最高的食材略多的水量。

皮面（P45、P73、P89、P 131）
指有魚皮或雞皮的那一面。

蛋絲（P58）
先煎蛋皮，再將蛋皮切絲，就是蛋絲。

快速沾水
食材沾一下湯或水後，馬上取出。

切成月牙形（P172、P173）
圓形蔬菜放射狀切片。

依個人喜好
依個人喜好添加食材或調味料的意思。

切大段（P176）
葉類蔬菜切成寬3～4cm的不規則狀，大小不一致沒關係。

斜削成薄片（P179）
像削鉛筆，一邊轉動牛蒡，一邊斜削成片。

搓鹽（P27）
材料撒鹽，再用手輕搓。

醬油洗菜（P23）
在先汆燙好的食材上淋醬油，然後擰乾。

變軟
熱炒後、撒鹽時，材料變軟的狀態。

去筋（P87）
切斷肥瘦肉間的筋。

吐沙（P47）
用與海水相同濃度的鹽水（3%／蜆仔要泡淡水）浸泡貝類，使其吐沙。

醋水
將水與少量的醋拌勻而成。標準是1公升的水拌入1～2大匙的醋。目的是用來浸泡牛蒡或蓮藕，清除澀液。泡醋水會比單純只泡水，食材的顏色更加潔白。

腸泥（P37、P110）
位於蝦子背部的黑色腸管。

削切（P176）
菜刀斜向插入，像削東西般切食物。

53 豬肉蔬菜捲 和風 127
52 豬肉角煮 和風 127
25 薑燒豬肉 西式 70
12 照燒鰤魚 和風 42
91 回鍋肉 亞洲 152
77 煎豬排 西式 143
76 法式清湯 西式 143
46 麻婆豆腐 亞洲 114
88 麻婆茄子 亞洲 151
55 清蒸雞肉 和風 129
43 煎餃 亞洲 108
21 水煮蛋 西式 62
56 涮豬肉涼拌沙拉 和風 129
29 高麗菜捲 西式 78

副菜

98 芝麻涼拌四季豆 和風 157
96 涼拌秋葵 和風 156
104 海藻寒天沙拉 西式 160
71 滷煮南瓜 和風 139
117 辣炒蒟蒻荷蘭豆 亞洲 166
68 滷煮蘿蔔乾絲 和風 137
5 金平牛蒡 和風 28
107 涼拌捲心菜 西式 161
69 滾煎馬鈴薯 和風 138
97 豆皮滷煮小松菜 和風 156
103 糖燒地瓜 和風 159
70 滷煮里芋 和風 139
41 三色拌菜 亞洲 104
102 滷煮馬鈴薯 和風 159
67 白和拌菜 和風 137
4 醋物 和風 26
116 韓式豆腐鍋 亞洲 166
112 墨西哥辣肉醬 西式 164
109 番茄沙拉 西式 162
100 味噌炒茄子 和風 158
99 紅蘿蔔絲炒蛋 和風 157
111 糖漬紅蘿蔔 西式 163
118 拌三絲 亞洲 167
42 棒棒雞 亞洲 106
6 滷鹿尾菜 和風 30
1 涼拌豆腐 和風 20
66 涼拌菠菜 和風 136
2 芝麻拌菠菜 和風 22
108 馬鈴薯沙拉 西式 162
106 通心粉沙拉 西式 161
101 微波蒸玉米 和風 158
3 烤茄子 和風 24
110 酪梨蛋沙拉 西式 163
105 普羅旺斯燉菜 西式 160

湯品

120 中式蛤蜊湯 亞洲 168
74 日式蛋花湯 和風 141
113 南瓜濃湯 西式 164
115 蛤蜊巧達湯 西式 165
114 玉米濃湯 西式 165
73 蔬菜清湯 和風 141
72 豬肉味噌湯 和風 140
23 義式蔬菜湯 西式 66
121 埃及國王菜湯 亞洲 168
7 海帶芽豆腐味噌湯 和風 32
119 餛飩湯 亞洲 167

「主食」、「主菜」、「副菜」分類索引

主食・主食＋主菜

63 豆皮壽司 和風 134
19 大阪燒 和風 56
37 歐姆蛋 西式 94
17 親子蓋飯 和風 52
64 蕪青葉鰤仔魚炊飯 和風 135
40 培根蛋奶麵 西式 100
36 豬肉咖哩飯 西式 92
84 綠豌豆飯 西式 148
93 炸醬麵 亞洲 153
18 炊飯 和風 54
65 章魚炊飯 和風 135
39 起司燉飯 西式 98
82 雞肉咖哩 西式 147
50 炒飯 亞洲 122
20 散壽司 和風 58
85 絞肉咖哩 西式 149
38 鮮蔬牛肉焗飯 西式 96
94 韓式拌飯 亞洲 154
86 抓飯 西式 149
22 法國吐司 西式 64
81 水波蛋 西式 146
83 肉醬義大利麵 西式 147

主菜

61 揚出豆腐 和風 133
14 酒蒸蛤蜊 和風 46
57 南蠻漬竹莢魚 和風 130
78 炸竹莢魚佐塔塔醬 西式 144
60 豆皮福袋 和風 132
92 辣炒芹菜花枝 亞洲 153
79 醋漬沙丁魚 西式 145
44 乾燒蝦仁 亞洲 110
59 紅燒鰈魚 和風 131
49 泡菜鍋 亞洲 120
51 牛肉絲時雨煮 和風 126
90 蔬菜炒牛肉 亞洲 152
34 焗烤通心粉 西式 88
47 沖繩風炒苦瓜 亞洲 116
32 可樂餅 西式 84
27 烤鮭魚 西式 74
13 味噌燒鯖魚 和風 44
58 鹽燒秋刀魚 和風 131
80 麥年煎魚排 西式 145
45 糖醋肉 亞洲 112
8 高湯煎蛋捲 和風 34
11 筑前煮 和風 40
95 韓式煎頂 亞洲 154
9 茶碗蒸 和風 36
89 青椒炒肉絲 亞洲 151
26 照燒雞腿 西式 72
62 天婦羅 和風 133
16 雞肉丸子 和風 50
54 龍田揚炸雞 和風 128
28 番茄燉雞肉 西式 76
75 義式雞排 西式 142
31 炸雞塊 西式 82
33 炸豬排 西式 86
48 生春捲 亞洲 118
10 馬鈴薯燉肉 和風 38
15 蔬菜炒肉 和風 48
87 八寶菜 亞洲 150
24 漢堡 西式 68
35 紅酒燉牛肉 西式 90
30 青椒鑲肉 西式 80

79 醋漬沙丁魚 西式／主菜 145
44 乾燒蝦仁 亞洲／主菜 110
59 紅燒鰈魚 和風／主菜 131
115 蛤蜊巧達湯 西式／副菜 165
27 烤鮭魚 西式／主菜 74
13 味噌燒鯖魚 和風／主菜 44
58 鹽燒秋刀魚 和風／主菜 131
80 麥年煎魚排 西式／主菜 145
62 天婦羅 和風／主菜 133
12 照燒鰤魚 和風／主菜 42

豆・蛋・乳製品

61 揚出豆腐 和風／主菜 133
60 豆皮福袋 和風／主菜 132
74 日式蛋花湯 和風／副菜 141
67 白和拌菜 和風／副菜 137
116 韓式豆腐鍋 亞洲／副菜 166
8 高湯煎蛋捲 和風／主菜 34
9 茶碗蒸 和風／主菜 36
112 墨西哥辣肉醬 西式／副菜 164
1 涼拌豆腐 和風／副菜 20
81 水波蛋 西式／主食＋主菜 146
46 麻婆豆腐 亞洲／主菜 114
21 水煮蛋 西式／主菜 62
110 酪梨蛋沙拉 西式／副菜 163

蔬菜・菇類・海藻

98 芝麻涼拌四季豆 和風／副菜 157
96 涼拌秋葵 和風／副菜 156
104 海藻寒天沙拉 西式／副菜 160
71 滷煮南瓜 和風／副菜 139
113 南瓜濃湯 西式／副菜 164
117 辣炒蒟蒻荷蘭豆 亞洲／副菜 166
68 滷煮蘿蔔乾絲 和風／副菜 137
5 金平牛蒡 和風／副菜 28
47 沖繩風炒苦瓜 亞洲／主菜 116
107 涼拌捲心菜 西式／副菜 161
114 玉米濃湯 西式／副菜 165
69 滾煎馬鈴薯 和風／副菜 138
97 豆皮滷煮小松菜 和風／副菜 156
103 糖燒地瓜 和風／副菜 159
70 滷煮里芋 和風／副菜 139
41 三色拌菜 亞洲／副菜 104
102 滷煮馬鈴薯 和風／副菜 159
4 醋物 和風／副菜 26
73 蔬菜清湯 和風／副菜 141
109 番茄殺啦 西式／副菜 162
100 味噌炒茄子 和風／副菜 158
48 生春捲 亞洲／主菜 118
99 紅蘿蔔絲炒蛋 和風／副菜 157
111 糖漬紅蘿蔔 西式／副菜 163
87 八寶菜 亞洲／主菜 150
118 拌三絲 亞洲／副菜 167
6 滷鹿尾菜 和風／副菜 30
66 涼拌菠菜 和風／副菜 136
2 芝麻拌菠菜 和風／副菜 22
108 馬鈴薯沙拉 西式／副菜 162
88 麻婆茄子 亞洲／主菜 151
106 通心粉沙拉 西式／副菜 161
23 義式蔬菜湯 西式／副菜 66
101 微波蒸玉米 和風／副菜 158
121 埃及國王菜湯 亞洲／副菜 168
3 烤茄子 和風／副菜 24
105 普羅旺斯燉菜 西式／副菜 160
7 海帶芽豆腐味噌湯 和風／副菜 32
119 餛飩湯 亞洲／副菜 167

食材分類索引

穀類・麵包類・麵類

63 豆皮壽司 和風／主食 …… 134
19 大阪燒 和風／主食＋主菜 …… 56
37 歐姆蛋 西式／主食＋主菜 …… 94
17 親子蓋飯 和風／主食＋主菜 …… 52
64 蕪青葉魩仔魚炊飯 和風／主食 …… 135
40 培根蛋奶麵 西式／主食＋主菜 …… 100
36 豬肉咖哩飯 西式／主食＋主菜 …… 92
84 綠豌豆飯 西式／主食 …… 148
93 炸醬麵 亞洲／主食＋主菜 …… 153
18 炊飯 和風／主食 …… 54
65 章魚炊飯 和風／主食 …… 135
39 起司燉飯 西式／主食 …… 98
82 雞肉咖哩 西式／主食＋主菜 …… 147
95 韓式煎餅 亞洲／主菜 …… 154
50 炒飯 亞洲／主食＋主菜 …… 122
20 散壽司 和風／主食＋主菜 …… 58
85 絞肉咖哩 西式／主食＋主菜 …… 149
38 鮮蔬牛肉焗飯 西式／主食＋主菜 …… 96
94 韓式拌飯 亞洲／主食＋主菜 …… 154
86 抓飯 西式／主食＋主菜 …… 149
22 法國吐司 西式／主食 …… 64
83 肉醬義大利麵 西式／主食＋主菜 …… 147

肉類

49 泡菜鍋 亞洲／主菜 …… 120
51 牛肉絲時雨煮 和風／主菜 …… 126
90 蔬菜炒牛肉 亞洲／主菜 …… 152
34 焗烤通心粉 西式／主菜 …… 88
32 可樂餅 西式／主菜 …… 84
45 糖醋肉 亞洲／主菜 …… 112
11 筑前煮 和風／主菜 …… 40
89 青椒炒肉絲 亞洲／主菜 …… 151
26 照燒雞腿 西式／主菜 …… 72
16 雞肉丸子 和風／主菜 …… 50
54 龍田揚炸雞 和風／主菜 …… 128
28 番茄燉雞肉 西式／主菜 …… 76
75 義式雞排 西式／主菜 …… 142
31 炸雞塊 西式／主菜 …… 82
33 炸豬排 西式／主菜 …… 86
72 豬肉味噌湯 和風／副菜 …… 140
10 馬鈴薯燉肉 和風／主菜 …… 38
15 蔬菜炒肉 和風／主菜 …… 48
24 漢堡 西式／主菜 …… 68
42 棒棒雞 亞洲／副菜 …… 106
35 紅酒燉牛肉 西式／主菜 …… 90
30 青椒鑲肉 西式／主菜 …… 80
53 豬肉蔬菜捲 和風／主菜 …… 127
52 豬肉角煮 和風／主菜 …… 127
25 薑燒豬肉 西式／主菜 …… 70
91 回鍋肉 亞洲／主菜 …… 152
77 煎豬排 西式／主菜 …… 143
76 法式清湯 西式／主菜 …… 143
55 清蒸雞肉 和風／主菜 …… 129
43 煎餃 亞洲／主菜 …… 108
56 涮豬肉涼拌沙拉 和風／主菜 …… 129
29 高麗菜捲 西式／主菜 …… 78

魚貝類

14 酒蒸蛤蜊 和風／主菜 …… 46
120 中式蛤蜊湯 亞洲／副菜 …… 168
57 南蠻漬竹筴魚 和風／主菜 …… 130
78 炸竹筴魚佐塔塔醬 西式／主菜 …… 144
92 辣炒芹菜花枝 亞洲／主菜 …… 153

國家圖書館出版品預行編目(CIP)資料

零下廚經驗也能學會的 121 道家常料理：不忙不亂作好菜 / 牧野直子著；黃瓊仙譯．——二版．—— 新北市：遠足文化，2016.04（Buono；13）
譯自：料理の教科書ビギナーズ—これならできそう
ISBN 978-986-92889-6-5（平裝）

1. 食譜 2. 烹飪

427.1 105003746

Buono 13

不忙不亂作好菜

零下廚經驗也能學會的121道家常料理

料理の教科書ビギナーズ—これならできそう

作者——牧野直子
譯者——黃瓊仙
總編輯——郭昕詠
編輯——王凱林、賴虹伶、徐昉驊、陳柔君、黃淑真、李宜珊
通路行銷—何冠龍
封面設計—霧室
排版——健呈電腦排版股份有限公司

社長——郭重興
發行人兼
出版總監—曾大福

出版者——遠足文化事業股份有限公司
地址——231 新北市新店區民權路 108-2 號 9 樓
電話——(02)2218-1417
傳真——(02)2218-1142
電郵——service@bookrep.com.tw
郵撥帳號—19504465
客服專線—0800-221-029
部落格——http://777walkers.blogspot.com/
網址——http://www.bookrep.com.tw
法律顧問—華洋法律事務所 蘇文生律師
印製——成陽印刷股份有限公司
電話——(02)2265-1491

二版一刷 西元 2016 年 4 月
Printed in Taiwan